ÁPIS DIVERTIDO

MATEMÁTICA

ESTE MATERIAL PODERÁ SER DESTACADO E USADO PARA AUXILIAR O ESTUDO DE ALGUNS ASSUNTOS VISTOS NO LIVRO.

NOME: ______________________ TURMA: __________

ESCOLA: ______________________

editora ática

Barrinhas coloridas (página 37)

Ilustrações: Banco de imagens/Arquivo da editora

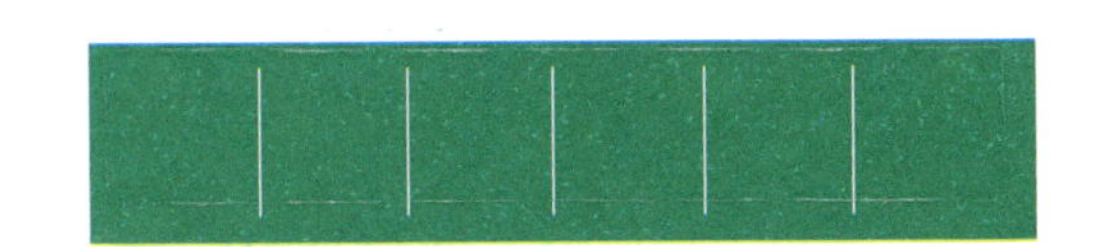

Reprodução proibida. Artigo 184 do Código Penal e Lei 9 610, de 19/2/1998.

Ilustrações: Banco de imagens/Arquivo da editora

Envelope para as barrinhas coloridas (página 37)

Guarde aqui suas barrinhas coloridas e escreva seu nome.

Nome: ______________________

Montado:

Dobre

Cole

Banco de imagens/Arquivo da editora

Reprodução proibida. Artigo 184 do Código Penal e Lei 9 610, de 19/2/1998.

Nosso dinheiro: o real (página 42)

Reprodução/Casa da Moeda do Brasil/Ministério da Fazenda

Reprodução proibida. Artigo 184 do Código Penal e Lei 9 610, de 19/2/1998.

Reprodução/Casa da Moeda do Brasil/Ministério da Fazenda

Reprodução/Casa da Moeda do Brasil/Ministério da Fazenda

Reprodução proibida. Artigo 184 do Código Penal e Lei 9 610, de 19/2/1998.

Reprodução/Casa da Moeda do Brasil/Ministério da Fazenda

Reprodução/Casa da Moeda do Brasil/Ministério da Fazenda

Reprodução/Casa da Moeda do Brasil/Ministério da Fazenda

Reprodução proibida. Artigo 184 do Código Penal e Lei 9 610, de 19/2/1998.

Reprodução/Casa da Moeca do Brasil/Ministério da Fazenda

Reprodução/Casa da Moeda do Brasil/Ministério da Fazenda

Envelope para nosso dinheiro (página 42)

Guarde aqui o nosso dinheiro e escreva seu nome.

Nome: ______________________

Dobre

Cole

Montado:

Banco de imagens/Arquivo da editora

Reprodução proibida. Artigo 184 do Código Penal e Lei 9 610, de 19/2/1998.

Cubo (página 51)

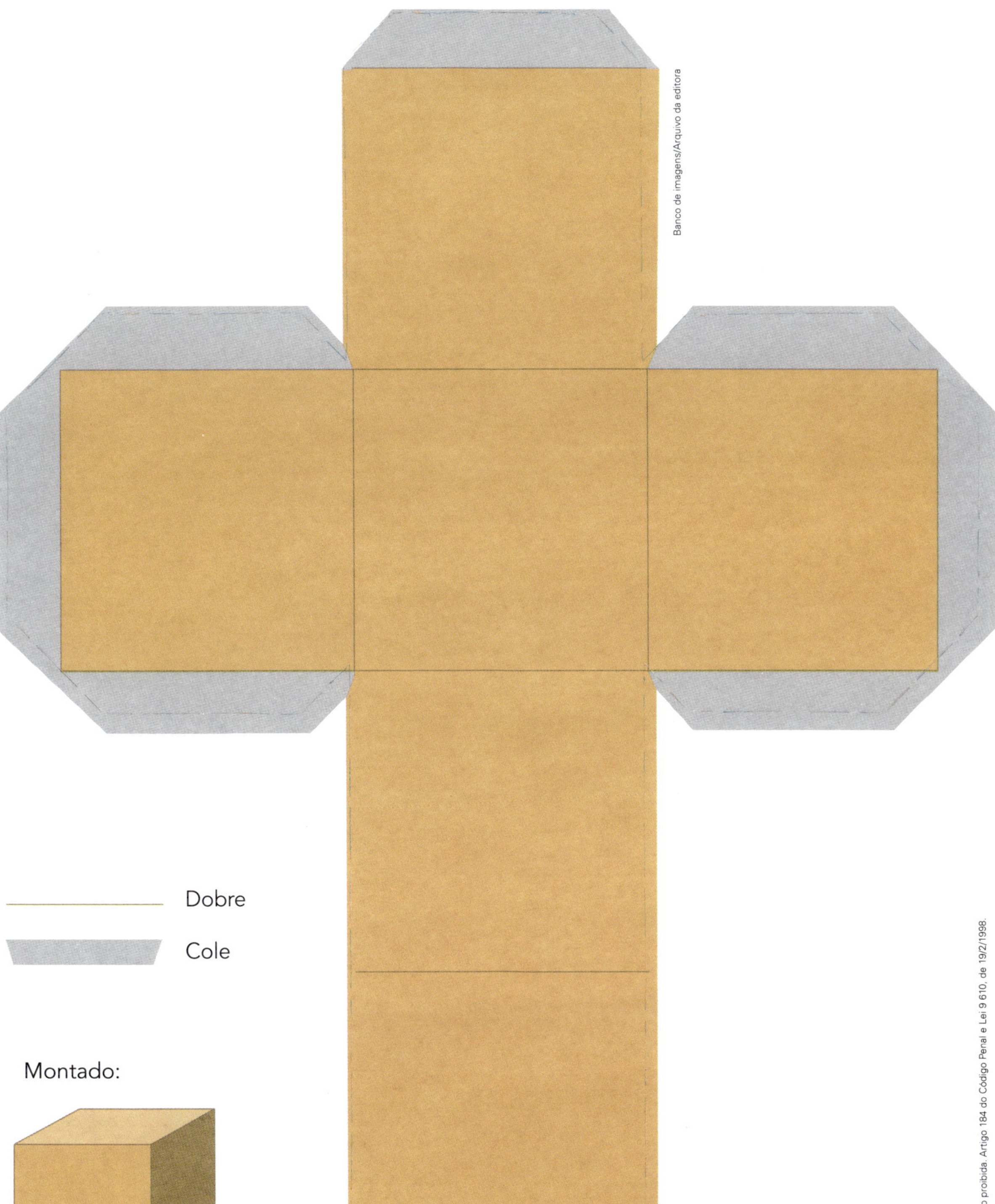

Reprodução proibida. Artigo 184 do Código Penal e Lei 9 610, de 19/2/1998.

Bloco retangular ou paralelepípedo (página 53)

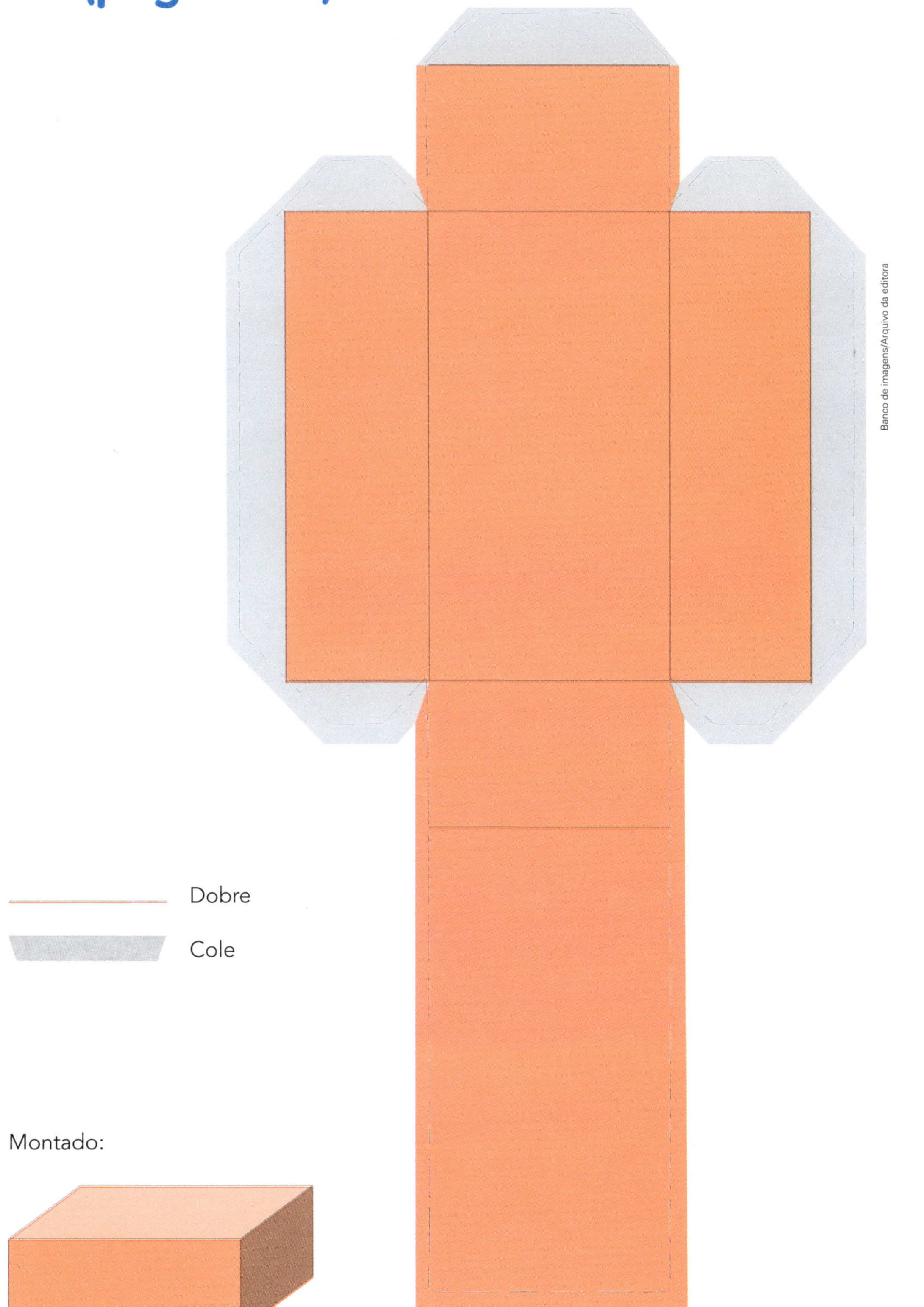

Banco de imagens/Arquivo da editora

Reprodução proibida. Artigo 184 do Código Penal e Lei 9 610, de 19/2/1998.

Cilindro (página 58)

Banco de imagens/Arquivo da editora

Reprodução proibida. Artigo 184 do Código Penal e Lei 9 610, de 19/2/1998.

Cone (página 58)

Banco de imagens/Arquivo da editora

Reprodução proibida. Artigo 184 do Código Penal e Lei 9 610, de 19/2/1998.

Fichas (página 78)

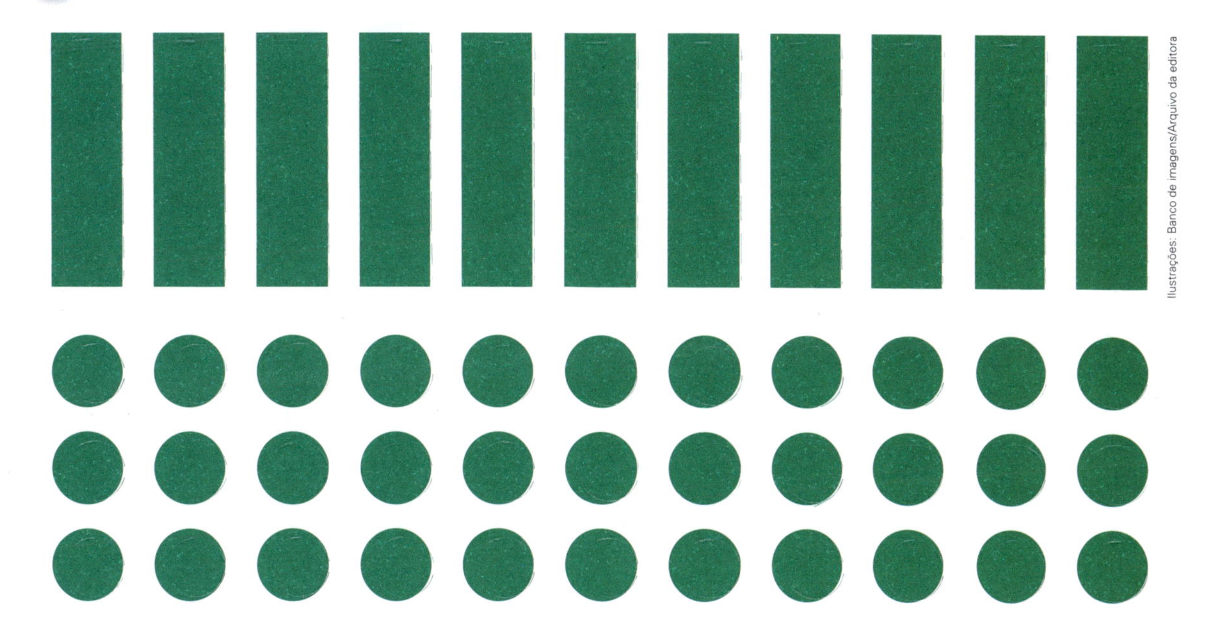

Ilustrações: Banco de imagens/Arquivo da editora

Fichas para composição e decomposição de um número (página 90)

1 0	6 0	0	5
2 0	7 0	1	6
3 0	8 0	2	7
4 0	9 0	3	8
5 0		4	9

Ilustrações: Banco de imagens/Arquivo da editora

Reprodução proibida. Artigo 184 do Código Penal e Lei 9 610, de 19/2/1998.

Regiões planas (página 105)

Ilustrações: Banco de imagens/ Arquivo da editora

Regiões triangulares (página 112)

Ilustrações: Banco de imagens/ Arquivo da editora

Reprodução proibida. Artigo 184 do Código Penal e Lei 9 610, de 19/2/1998.

Pirâmide de base quadrada (página 110)

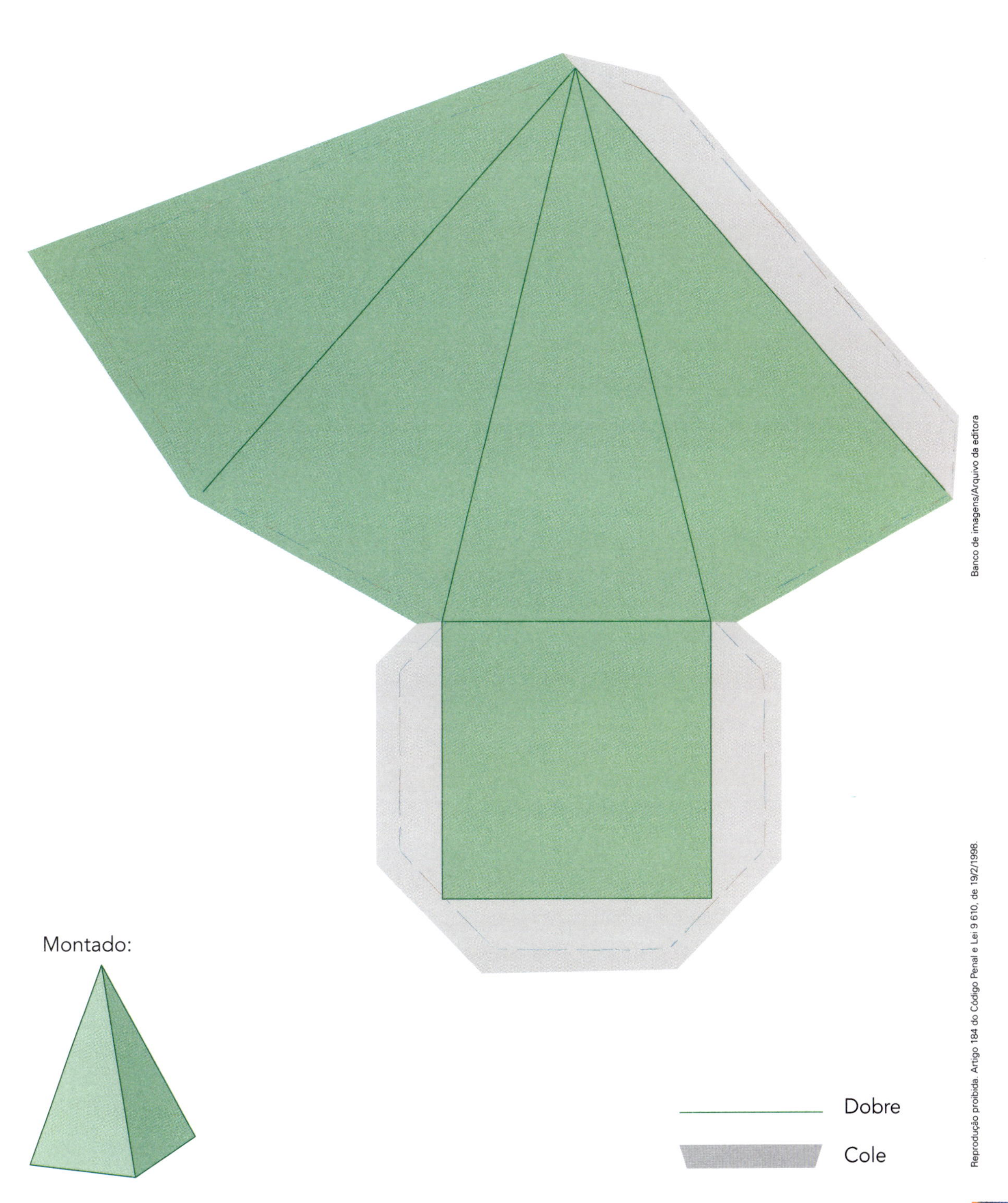

Banco de imagens/Arquivo da editora

Reprodução proibida. Artigo 184 do Código Penal e Lei 9 610, de 19/2/1998.

Simetria (página 127)

Ilustrações: Banco de imagens/ Arquivo da editora

Reprodução proibida. Artigo 184 do Código Penal e Lei 9 610, de 19/2/1998.

Relógio (página 252)

Ilustrações: Banco de imagens/Arquivo da editora

Reprodução proibida. Artigo 184 do Código Penal e Lei 9 610, de 19/2/1998.

Banco de imagens/Arquivo da editora

CADERNO DE ATIVIDADES

MATEMÁTICA

NOME: ______________________ TURMA: __________

ESCOLA: ______________________

Sumário

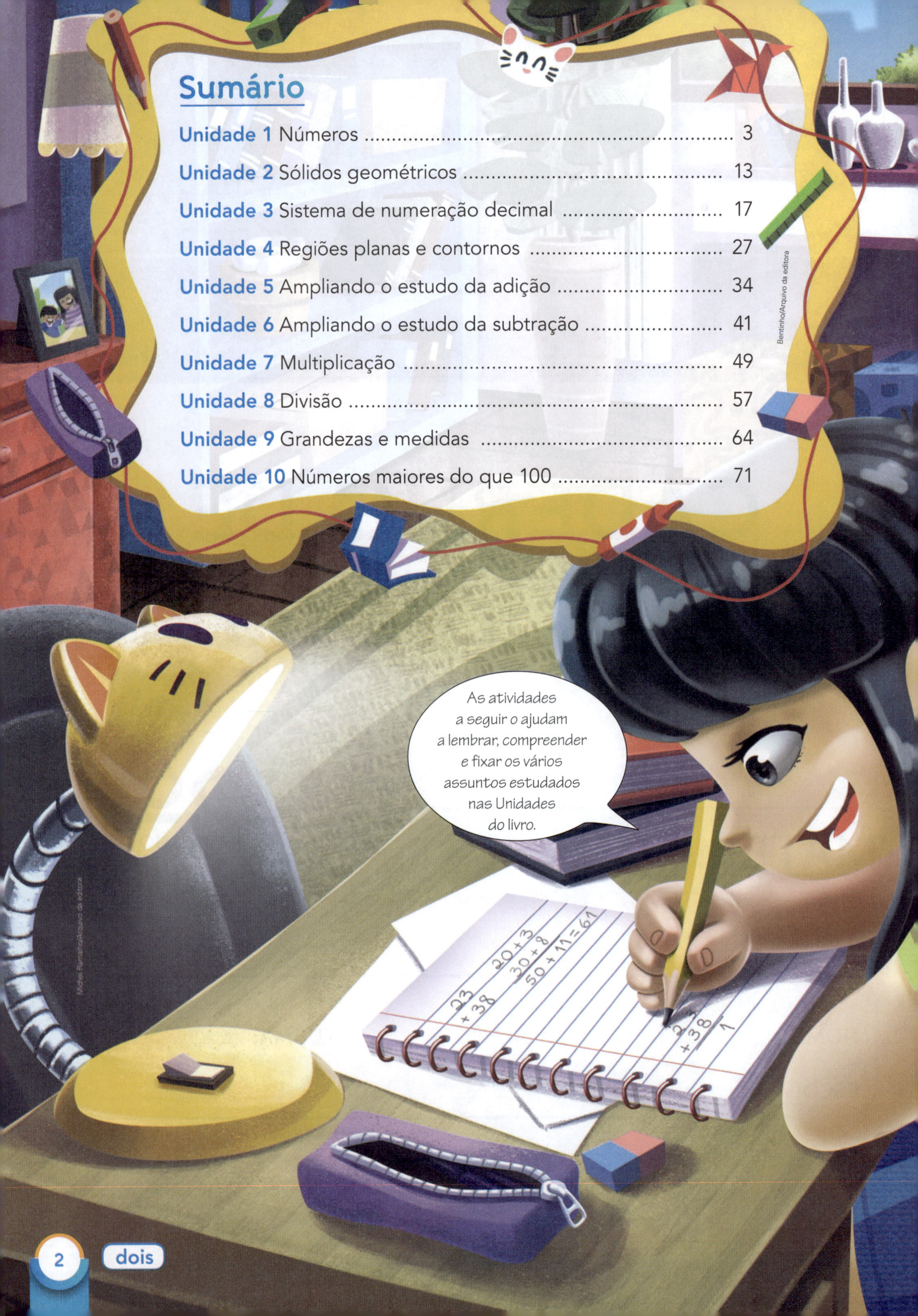

Bentinho/Arquivo da editora

Michel Ramalho/Arquivo da editora

Números

As imagens não estão representadas em proporção.

1 Relacione as imagens nos quadros aos números correspondentes.

ufin/Shutterstock

Zety Akhzar/Shutterstock

FabrikaSimf/Shutterstock

4 3 9 6 5 2

Bigone/Shutterstock

Olga Popova/Shutterstock
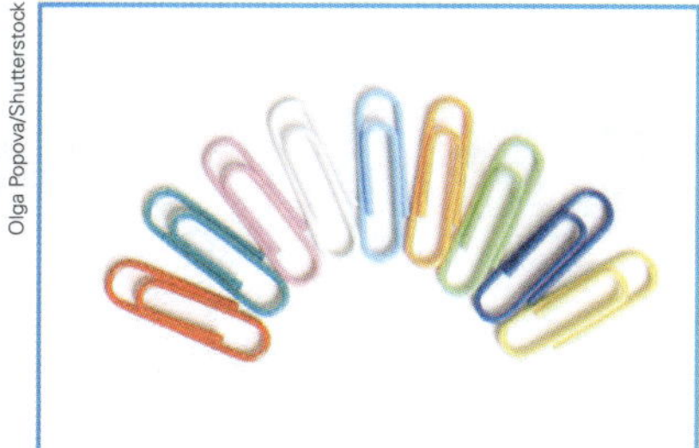

Vladvm/Shutterstock

2 Escreva como se lê cada número a seguir.

8 ____________ 5 ____________ 1 ____________

10 ____________ 2 ____________ 6 ____________

0 ____________ 7 ____________

3 Agora você desenha de acordo com as quantidades.

5 bolas. 3 pipas. 2 picolés.

4 André ajuda nos afazeres de casa regando os vasinhos de flor. Preste atenção e descubra a sequência de crescimento das flores numerando os vasinhos de 1 a 9.

As imagens não estão representadas em proporção.

5 Veja o nome de alguns animais.

elefante – boi – cavalo – formiga – rã – borboleta – gato – zebra

a) Escreva o nome de cada animal no lugar correspondente. Em seguida, escreva o número de letras que cada nome tem.

______ letras. ______ letras. ______ letras. ______ letras.

______ letras. ______ letras. ______ letras. ______ letras.

b) Agora, de acordo com o número de letras dos nomes, escreva cada nome em um quadro.

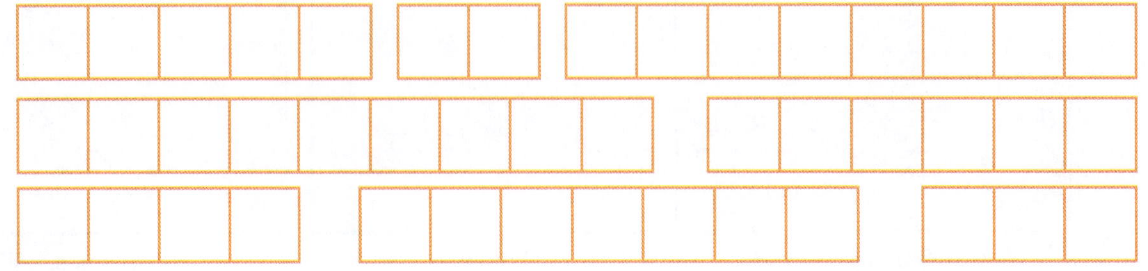

6 Registre nos quadrinhos as quantidades representadas com o material dourado.

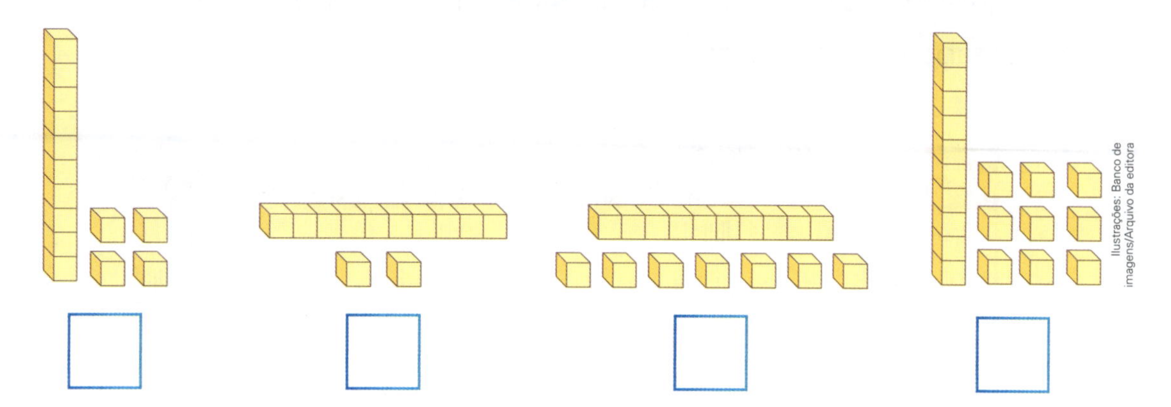

Ilustrações: Banco de imagens/Arquivo da editora

7 Represente os números indicados utilizando os seguintes símbolos.

Representa 1 unidade. Representa 1 dezena.

Ilustrações: Banco de imagens/Arquivo da editora

12	10
7	16

8 Observe esta reta numerada já com alguns números.

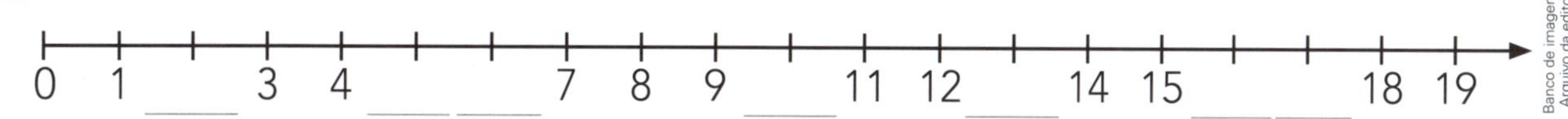

Banco de imagens/Arquivo da editora

a) Complete a reta numerada com os números que faltam.

b) Qual é o maior número que aparece nessa reta? ________

c) Qual é o número localizado entre 14 e 16? ________

d) O número 7 é maior ou menor do que o número 17? ________________

e) Qual é o número que representa 1 dezena? ________

9 Marta e Leandro fizeram uma pesquisa em sala de aula.
Eles queriam saber qual é a cor preferida dos colegas.
Veja as tabelas que eles construíram.

Turma de Marta

<table>
<tr><th colspan="2">Cor preferida</th></tr>
<tr><td>Azul</td><td>||||| | | |</td></tr>
<tr><td>Vermelho</td><td>||||| ||||| |||||</td></tr>
<tr><td>Verde</td><td>|</td></tr>
<tr><td>Laranja</td><td></td></tr>
<tr><td>Amarelo</td><td>| | | |</td></tr>
</table>

Turma de Leandro

<table>
<tr><th colspan="2">Cor preferida</th></tr>
<tr><td>Azul</td><td>| | |</td></tr>
<tr><td>Vermelho</td><td>||||| ||||| ||||| |</td></tr>
<tr><td>Verde</td><td></td></tr>
<tr><td>Laranja</td><td>| |</td></tr>
<tr><td>Amarelo</td><td>| | | |</td></tr>
</table>

Tabelas elaboradas para fins didáticos.

Use os dados das tabelas para responder às questões.

a) Qual é a cor preferida nas 2 turmas? ________________

Quantos votos essa cor teve na turma de Marta? ________________

E na turma de Leandro? ________________

b) Quantos votos o azul teve nas 2 turmas juntas? ________________

c) Qual cor não teve voto em uma das turmas e teve só 1 voto na outra turma?

____

d) Qual é a cor escolhida pelo mesmo número de crianças nas 2 turmas?

____

As imagens não estão representadas em proporção.

10 Registre o número correspondente à quantidade de frutas em cada quadro. Depois, compare os 2 números de cada item escrevendo **é maior do que**, **é menor do que** ou **é igual a**.

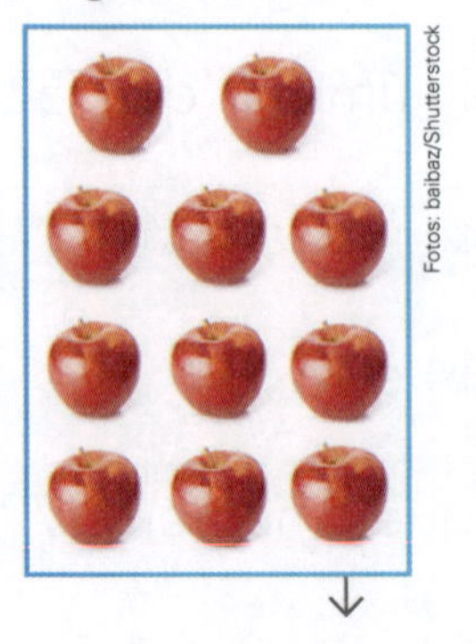

Fotos: baibaz/Shutterstock

______ ________________ ______

Fotos: Everything/Shutterstock

______ ________________ ______

11 Observe nos relógios alguns horários da escola onde Alan estuda.

ThavornC/Shutterstock

Horário da entrada.

ThavornC/Shutterstock

Horário do lanche.

ThavornC/Shutterstock

Horário da saída.

a) Qual é o horário de entrada na escola onde Alan estuda? ____________

b) Qual é o horário em que Alan toma lanche? ____________

c) Qual é o horário em que Alan vai embora da escola? ____________

d) Quantas horas por dia Alan fica na escola? ____________

12 Observe as sequências de números da esquerda para a direita.

- Pinte de azul os quadrinhos da sequência que tem os números na ordem do menor para o maior (ordem crescente).
- Pinte de verde os quadrinhos da sequência que tem os números na ordem do maior para o menor (ordem decrescente).

a)	4	7	10	6	15	12	18
b)	18	16	15	13	10	7	4
c)	6	8	11	14	15	17	19

13 Veja os degraus desta escada.

Ilustra Cartoon/Arquivo da editora

a) Escreva os números ordinais que faltam nos degraus.

b) Complete: o cachorro está no ________ degrau.

c) Desenhe um gato no 7º degrau.

14 Veja os pontos obtidos pelas 4 equipes que participaram do campeonato de queimada da escola.

Ilustrações: Giz de Cera/Arquivo da editora

Equipe Verde

9 pontos.

Equipe Azul

18 pontos.

Equipe Vermelha

3 pontos.

Equipe Amarela

6 pontos.

Pinte as camisetas de acordo com a classificação final do campeonato. A equipe campeã foi a que ganhou mais pontos.

1º lugar (campeão)

2º lugar (vice-campeão)

3º lugar
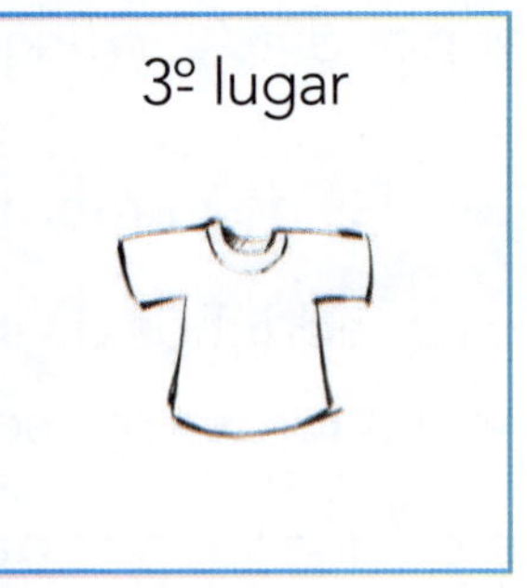

4º lugar
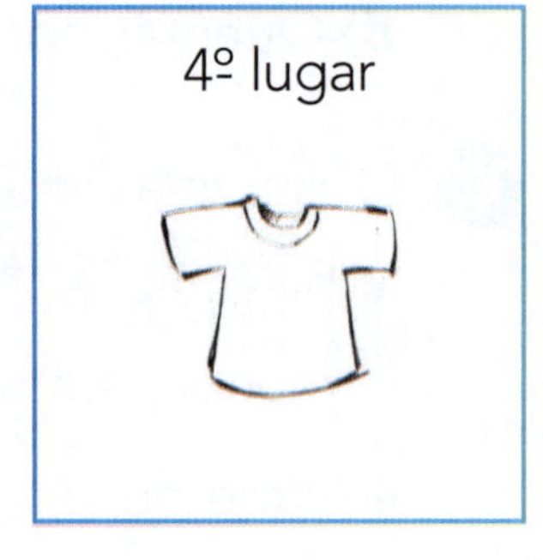

15 Escreva os números 1º, 2º, 3º, 4º e 5º nos quadrinhos de acordo com a ordem em que o desenho do rosto foi feito.

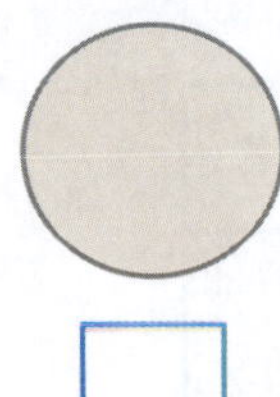

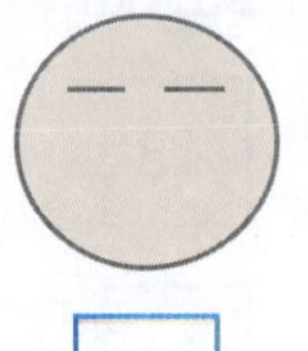
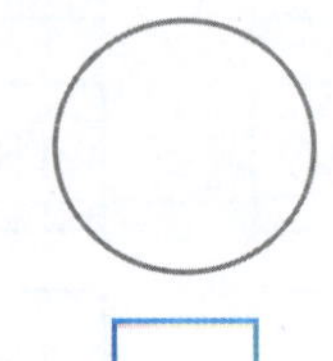
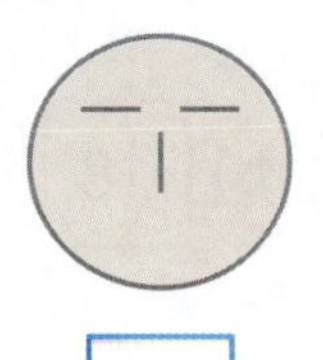

Ilustrações: Banco de imagens/Arquivo da editora

16 Efetue as adições e as subtrações. A maneira de fazer você escolhe.

a) $8 + 3 =$ ______ **d)** $5 + 5 =$ ______ **g)** $14 + 4 =$ ______

b) $5 - 4 =$ ______ **e)** $3 + 8 =$ ______ **h)** $19 - 10 =$ ______

c) $10 - 2 =$ ______ **f)** $12 - 3 =$ ______ **i)** $8 + 7 =$ ______

17 Efetue as operações indicadas utilizando a reta numerada e registre os resultados.

a) $19 - 5 =$ ______

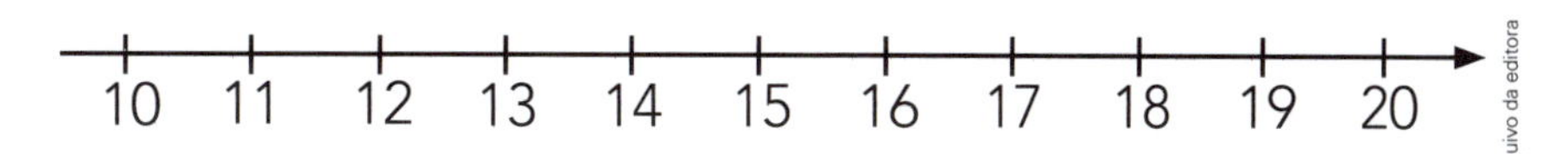

b) $10 + 5 =$ ______

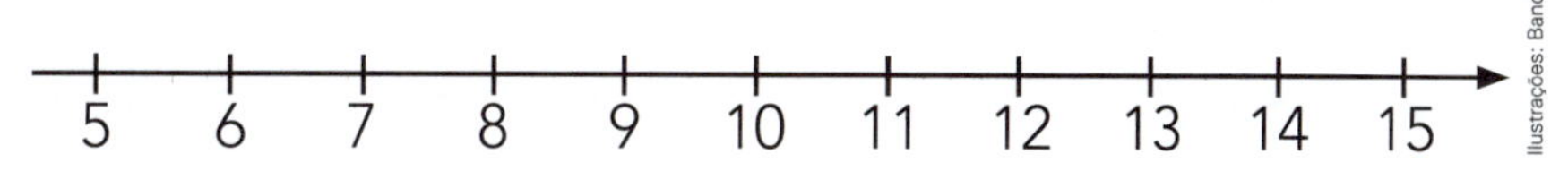

Ilustrações: Banco de imagens/Arquivo da editora

c) $9 - 6 =$ ______

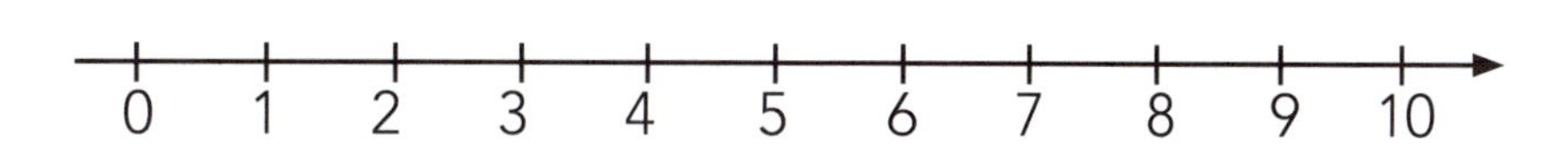

d) $7 + 9 =$ ______

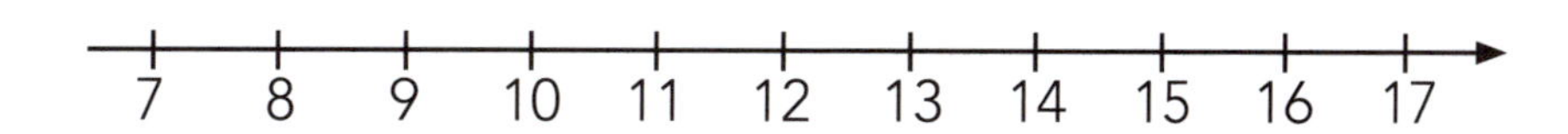

18 Leia com atenção e complete com a quantia final em cada item.

a) Jonas

Tinha  ,

gastou 

e ficou com ______ reais.

b) Luana

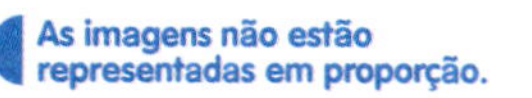
As imagens não estão representadas em proporção.

Tinha  ,

ganhou 

e ficou com ______ reais.

Reprodução/Casa da Moeda do Brasil/Ministério da Fazenda

19 Complete as frases e indique a operação efetuada.

a) 6 mais 4 é igual a ________. ________________

b) Tirando 7 de 15, obtemos ________. ________________

c) A soma de 6 e 6 é igual a ________. ________________

d) 4 para 11 faltam ________. ________________

e) Acrescentando 6 a 9 ficamos com ________. ________________

f) 13 menos 11 é igual a ________. ________________

g) 19 é ________ a mais do que 5. ________________

h) 5 somado com 8 é igual a ________. ________________

20 **PROBABILIDADE**

Imagine que você tem, dentro de um saquinho, as fichas com os números que aparecem abaixo. Sem olhar, você vai retirar algumas dessas fichas.

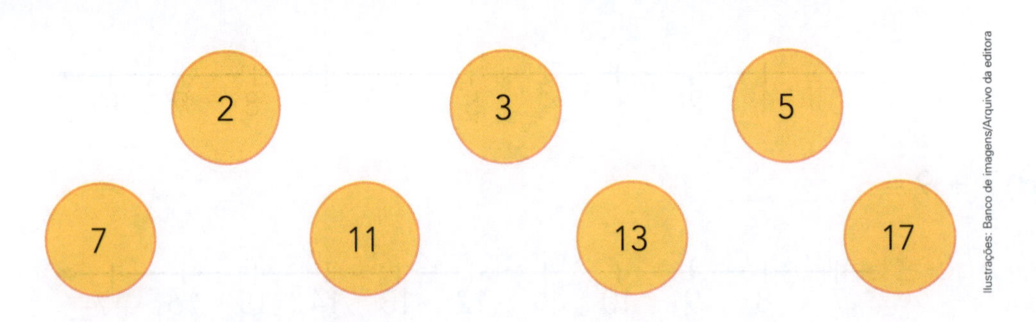

Ilustrações: Banco de imagens/Arquivo da editora

Em cada item, responda com **nunca acontece**, **sempre acontece** ou **às vezes acontece e às vezes não**.

a) Retirar 2 fichas com o mesmo número. ________________

b) Retirar 2 fichas com números diferentes. ________________

c) Retirar 1 ficha com um número menor do que 19.

____

d) Retirar 1 ficha com um número par. ________________

e) Retirar 1 ficha com o número 19. ________________

f) Retirar 5 fichas com números ímpares.

____

21 Os alunos do 2º ano querem criar um grupo de praticantes de esportes para se reunir aos finais de semana. Cada aluno escolheu um único esporte. Veja como eles usaram desenhos para representar os votos sobre as várias modalidades esportivas.

Ilustrações: Ilustra Cartoon/Arquivo da editora

a) Observe os desenhos e estime qual é o esporte preferido dos alunos do 2º ano. ____________________

b) Agora, para cada desenho, pinte 1 quadrinho no gráfico.

Esportes preferidos

Natação										
Futebol										
Skate										
Xadrez										
	1	2	3	4	5	6	7	8	9	10

c) Qual foi o esporte mais votado? ____________________

Quantos votos ele teve? ____________________

d) Juntando os alunos que preferem natação e xadrez, quantos são no total?

____

e) Quantos alunos a mais preferem *skate* a xadrez? ____________________

As imagens não estão representadas em proporção.

22 Observe os brinquedos que Rogério viu na loja, cada um com o preço.

a) Escreva em cada item se o primeiro brinquedo citado é **mais caro** ou **mais barato** do que o segundo brinquedo. Em seguida, justifique comparando os números correspondentes aos preços e usando as expressões **é maior do que** e **é menor do que**.

- A bola é _______________ do que o jogo de dominó.

  _______ _______________ _______.

- O bambolê é _______________ do que a boneca.

  _______ _______________ _______.

- A boneca é _______________ do que a bola.

  _______ _______________ _______.

- O jogo de dominó é _______________ do que o bambolê.

  _______ _______________ _______.

b) Quanto Rogério vai gastar se comprar o jogo de dominó e o bambolê?

____

c) Quantos reais a boneca custa a mais do que a bola?

____

d) Quantos reais o jogo de dominó custa a menos do que a bola?

____

e) Quantos reais o bambolê custa a menos do que a bola?

____

f) Quantos reais a boneca custa a mais do que o jogo de dominó?

____

Sólidos geométricos

As imagens não estão representadas em proporção.

1 Relacione cada objeto ao desenho do sólido geométrico de mesma forma.

Depois, relacione o desenho do sólido geométrico ao nome dele.

Coprid/Shutterstock
Enfeite.

Ilustrações: Banco de imagens/Arquivo da editora

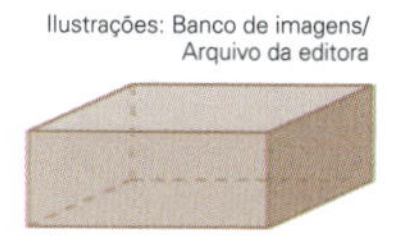

Esfera

Rustle/Shutterstock
Caixa de presente.

Bloco retangular

Marat I.Abdrakhmanov/Shutterstock
Peça de dominó.

Cubo

2 Observe os sólidos geométricos desenhados abaixo.

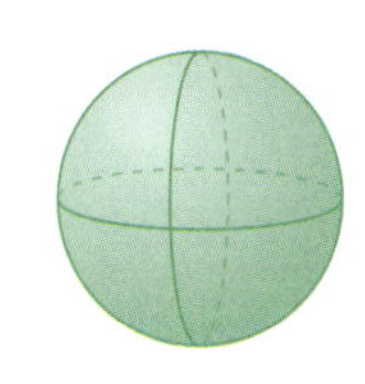 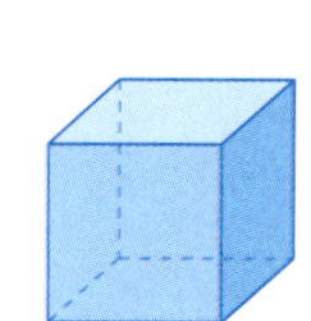   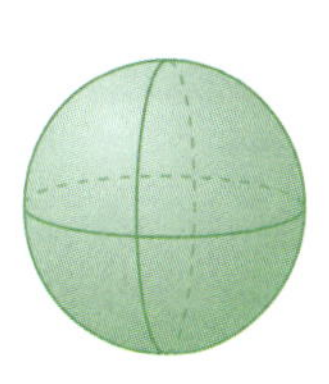 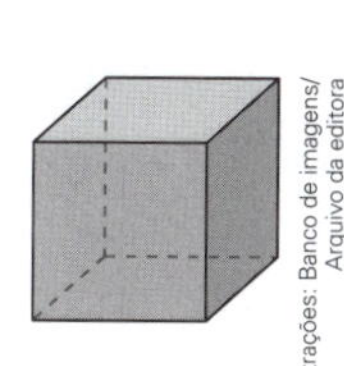

Ilustrações: Banco de imagens/Arquivo da editora

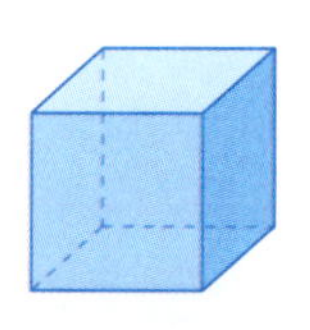 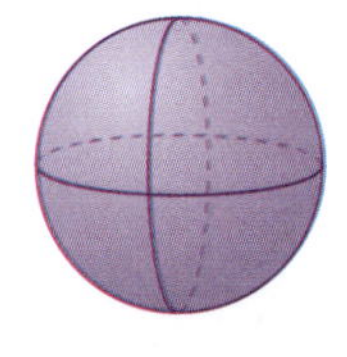 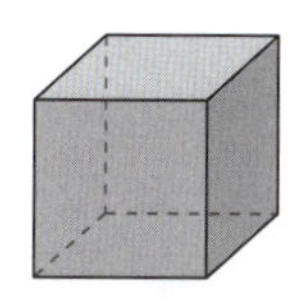  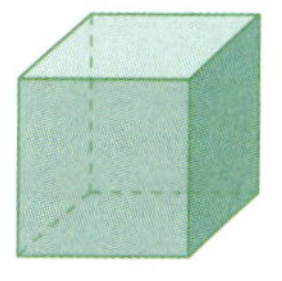 

Indique em cada item o número de sólidos geométricos.

a) Cubos: ________

b) Esferas: ________

c) Paralelepípedos: ________

d) Esferas verdes: ________

e) Paralelepípedos laranja: ________

f) Cubos cinza: ________

g) Esferas azuis: ________

h) Não são esferas: ________

3 Quantas faces? Quantos vértices? E quantas arestas?

Complete a tabela com os números.

Elementos de alguns sólidos geométricos

Sólido geométrico	Número de faces	Número de vértices	Número de arestas
	_____	_____	_____
	_____	_____	_____
	_____	_____	_____

Ilustrações: Banco de imagens/Arquivo da editora

Tabela elaborada para fins didáticos.

4 ESTIMATIVAS

ATIVIDADE EM DUPLA Os 3 paralelepípedos representados abaixo foram construídos com cubinhos.

a) Analisem, façam estimativas e registrem quantos cubinhos vocês acham que foram usados em cada paralelepípedo.

Estimativas:

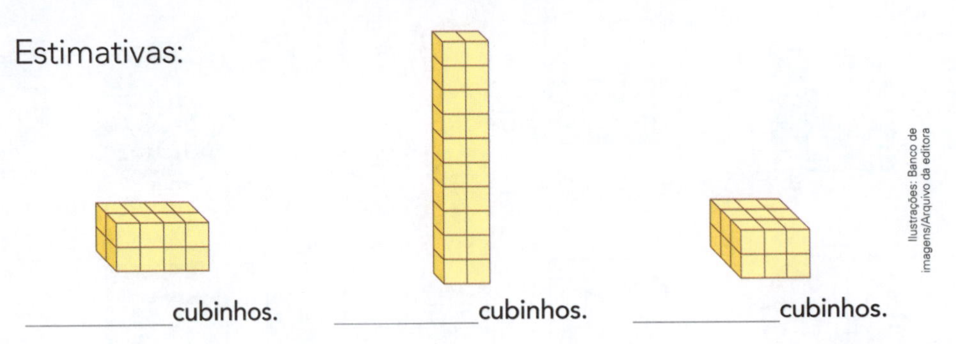

Ilustrações: Banco de imagens/Arquivo da editora

_____ cubinhos. _____ cubinhos. _____ cubinhos.

b) Usem os cubinhos do material dourado, construam os 3 paralelepípedos representados, contem os cubinhos em cada um e registrem aqui para conferir suas estimativas. (Cada um registra no próprio livro.)

Contagens: _____ cubinhos _____ cubinhos _____ cubinhos.

c) Finalmente, escrevam quantas das 3 estimativas vocês acertaram.

____

5 Observe os objetos e compare a forma deles com a forma dos sólidos geométricos da tabela. Depois, preencha a tabela com os números correspondentes.

As imagens não estão representadas em proporção.

Mariyana M/Shutterstock

Casquinha de sorvete.

Sólidos geométricos

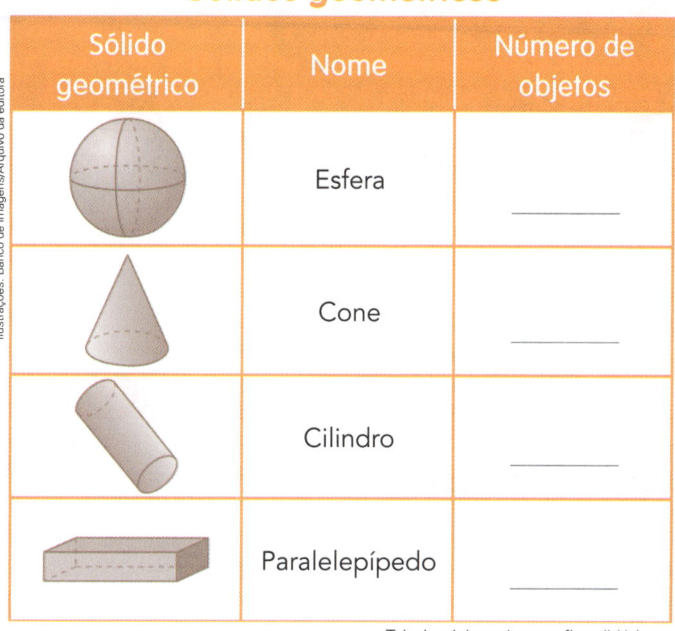
Ilustrações: Banco de imagens/Arquivo da editora

Sólido geométrico	Nome	Número de objetos
	Esfera	______
	Cone	______
	Cilindro	______
	Paralelepípedo	______

Tabela elaborada para fins didáticos.

jeka84/Shutterstock

Copo.

villorejo/Shutterstock

Lata.

Aaron Amat/Shutterstock

Bola de basquete.

RomboStudio/Shutterstock

Funil.

Maks Narodenko/Shutterstock

Laranja.

54613/Shutterstock

Rocambole.

haveseen/Shutterstock

Globo terrestre.

studioVin/Shutterstock

Pilha.

graja/Shutterstock

Chapéu de aniversário.

6 O quadro abaixo tem 3 colunas (**A**, **B** e **C**) e 3 linhas (**D**, **E** e **F**).

Vamos localizar os sólidos geométricos desenhados nele.

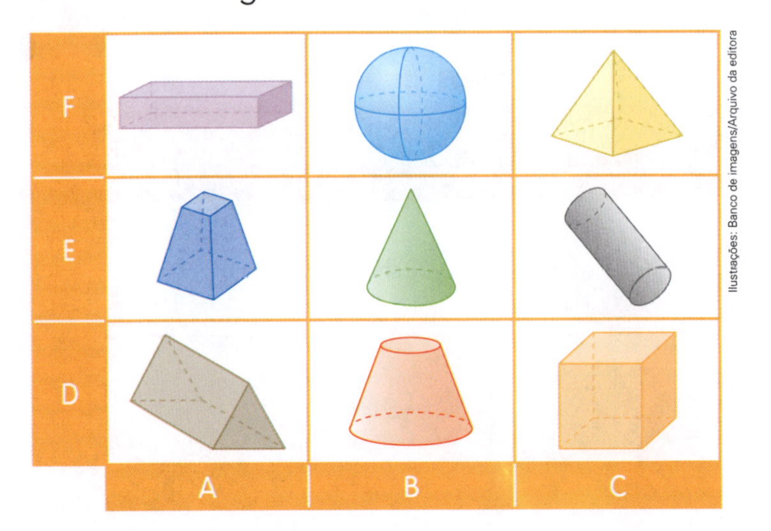

- Complete com as letras correspondentes.

a) O cubo está na coluna ________ e na linha ________.

b) O cilindro está na coluna ________ e na linha ________.

c) A esfera está na coluna ________ e na linha ________.

d) O cone está na coluna ________ e na linha ________.

e) O paralelepípedo está na coluna ________ e na linha ________.

f) O está na coluna ________ e na linha ________.

g) A está na coluna ________ e na linha ________.

h) O está na coluna ________ e na linha ________.

- Agora, faça um **X** em todos os sólidos geométricos desenhados no quadro que podem rolar.

7 **QUEM SOU EU?**

Leia, descubra e complete.

Sou um dos 9 sólidos geométricos da atividade anterior. Tenho 8 vértices. Não estou na coluna **A**. Sou o ______________.

Sistema de numeração decimal

1 Maria participou de um jogo em que 10 palitos eram agrupados para formar um macinho de palitos ou 1 dezena de palitos. Veja.

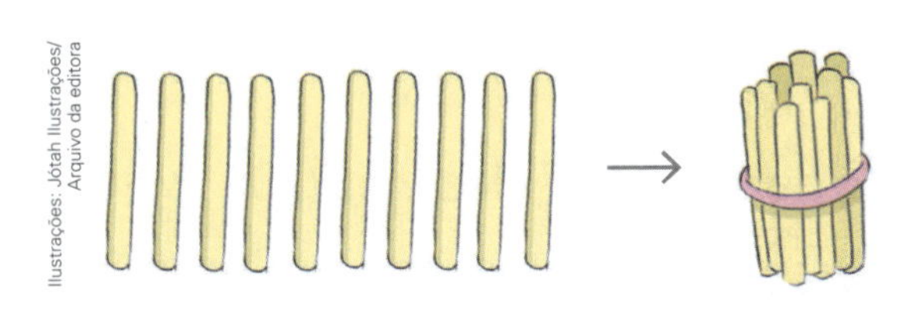

1 dezena de palitos
ou
10 palitos
↑
dez

Ilustrações: Jótah Ilustrações/Arquivo da editora

Indique quantas dezenas, quantos palitos e como é a leitura do número de palitos em cada item.

a) 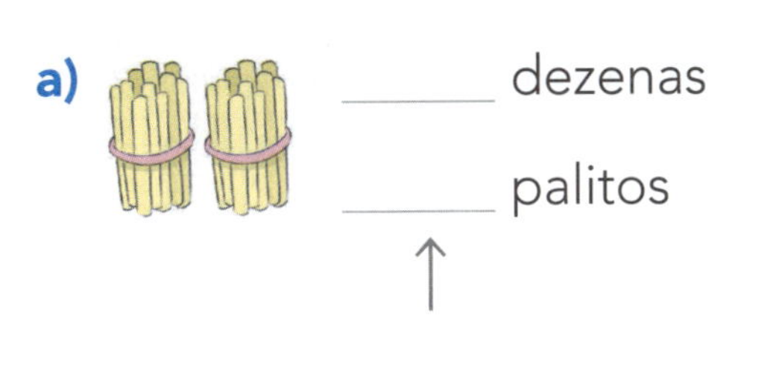

_____ dezenas
_____ palitos
↑
____

c) 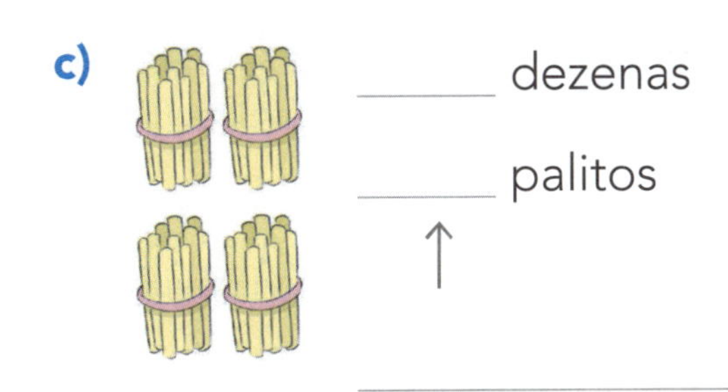

_____ dezenas
_____ palitos
↑
____

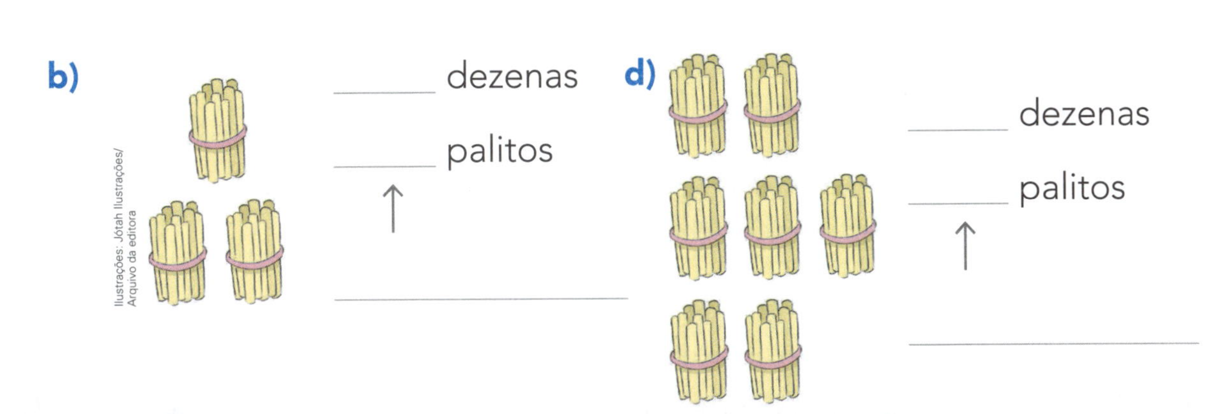

b)

_____ dezenas
_____ palitos
↑
____

Ilustrações: Jótah Ilustrações/Arquivo da editora

d)

_____ dezenas
_____ palitos
↑
____

e) 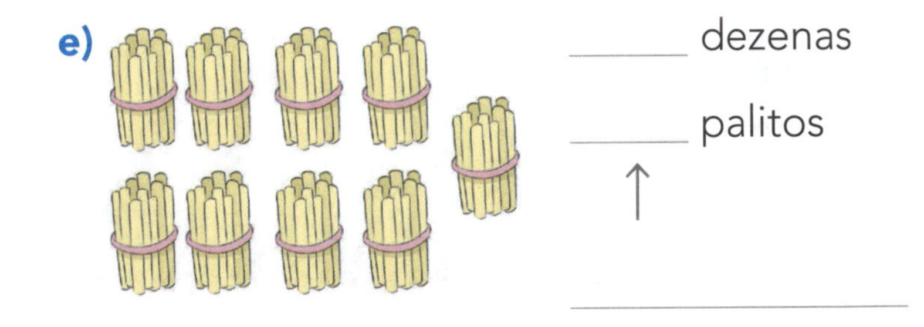

_____ dezenas
_____ palitos
↑
____

2 Continue a sequência das dezenas inteiras e escreva como se leem os números indicados pelas setas.

10, 20, 30, 40, 50, ______, ______, ______, ______

____________ ____________

____________ ____________

3 Efetue as adições e as subtrações com dezenas inteiras.

Veja 2 exemplos.

- 40 + 30 = 70, pois 4 dezenas + 3 dezenas = 7 dezenas (70).
- 80 − 20 = 60, pois 8 dezenas − 2 dezenas = 6 dezenas (60).

a) 50 + 30 = ______

b) 80 − 40 = ______

c) 30 + 30 = ______

d) 90 − 80 = ______

4 Escreva 2 adições e 2 subtrações com dezenas inteiras, com resultado igual a 50.

______ + ______ = ______ ______ − ______ = ______

____________ ____________

5 **CÁLCULO MENTAL**

Calcule e complete.

a) 6 dezenas + 1 dezena = ______ dezenas ou ______ unidades.

b) 3 dezenas − 2 dezenas = ______ dezena ou ______ unidades.

c) 30 + 30 = ______

d) 90 − 40 = ______

As imagens não estão representadas em proporção.

6 Forme grupos de 10, calcule e registre o número de brinquedos.

______ dezenas e ______ unidades de brinquedos.

______ brinquedos.

Shutterstock/Montagem de Fernanda Crevin

7 Podemos usar vários tipos de material para representar 1 unidade e para representar 1 dezena (10 unidades). Veja.

As imagens não estão representadas em proporção.

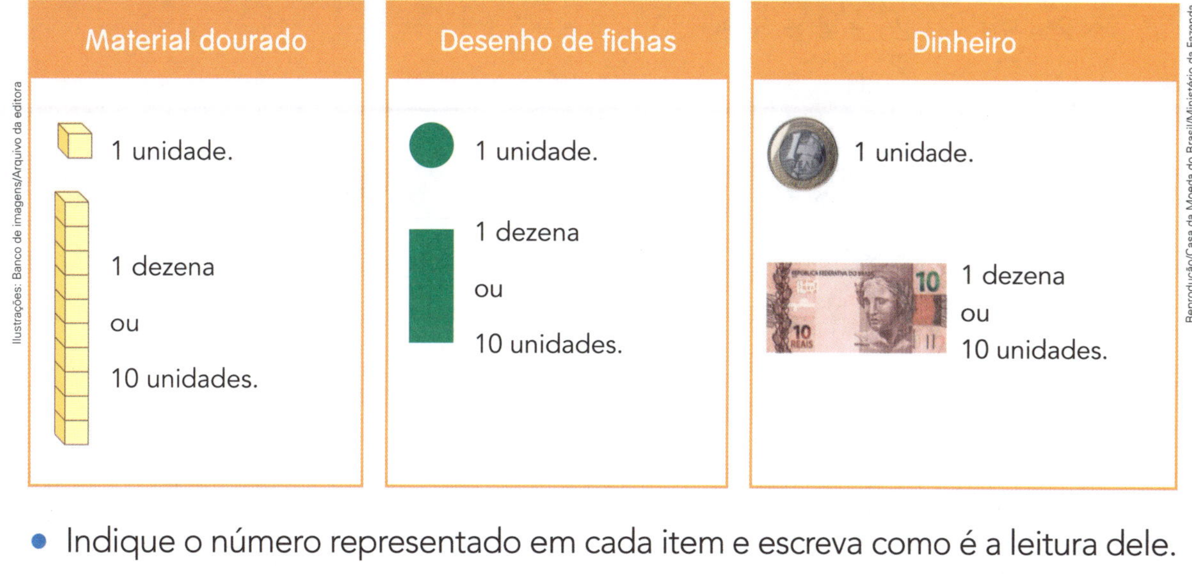

Ilustrações: Banco de imagens/Arquivo da editora

Reprodução/Casa da Moeda do Brasil/Ministério da Fazenda

- Indique o número representado em cada item e escreva como é a leitura dele.

a) _____ ______________________

b) _____ ______________________

c) _____ ______________________

Reprodução/Casa da Moeda do Brasil/Ministério da Fazenda

d) Atenção!

_____ ______________________

- Represente com desenho de fichas os números abaixo.

a) 48

b) 72

8 CÁLCULO MENTAL

Efetue as adições como nos exemplos.

- $26 + 7 \longrightarrow \underbrace{26 + 4}_{30} + 3 \longrightarrow 30 + 3 \longrightarrow 33$

  Logo, $26 + 7 = 33$.

- $85 + 6 \longrightarrow \underbrace{85 + 5}_{90} + 1 \longrightarrow 90 + 1 \longrightarrow 91$

  Logo, $85 + 6 = 91$.

a) $47 + 5 \longrightarrow$ ______________________ ______________________

b) $33 + 8 \longrightarrow$ ______________________ ______________________

c) $64 + 9 \longrightarrow$ ______________________ ______________________

9 Complete as sequências com os números "vizinhos".

28	29	30		

88				92

			12	13

	74	75		

		59	60	

		48	47	46

10 Observe as sequências e, em cada uma delas, pinte de azul o maior número e de vermelho o menor número.

67	68	69

17	18	19	20	21

55	56	57	58	59

35	36	37	38

73	72	71

92	91	90	89	88

11 Vamos comparar números?

Veja os exemplos.

Ilustrações: Banco de imagens/Arquivo da editora

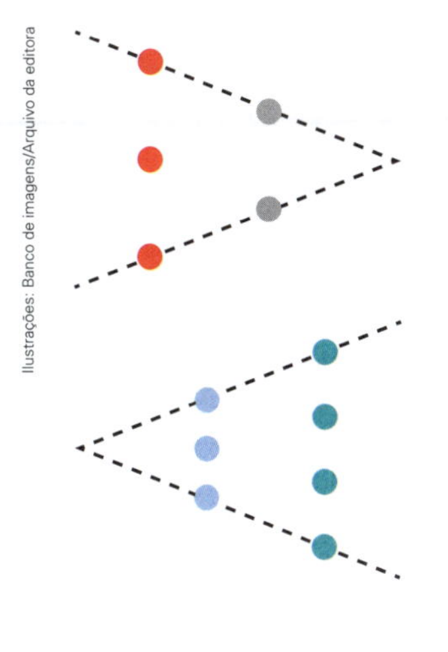

3 é maior do que 2.

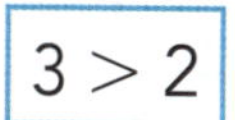

3 é menor do que 4.

3 é igual a 3.

3 = 3

Agora, compare os números colocando >, < ou = entre eles.

a) 6 ______ 9
b) 7 ______ 7
c) 10 ______ 2
d) 48 ______ 51
e) 39 ______ 30
f) 95 ______ 59
g) 33 ______ 22
h) 18 ______ 81
i) 71 ______ 69

12 Observe os números que aparecem nos quadros.

36	58	82	19	55

a) Escreva esses números em ordem do menor para o maior.

☐, ☐, ☐, ☐ e ☐.

b) Escreva esses números em ordem do maior para o menor.

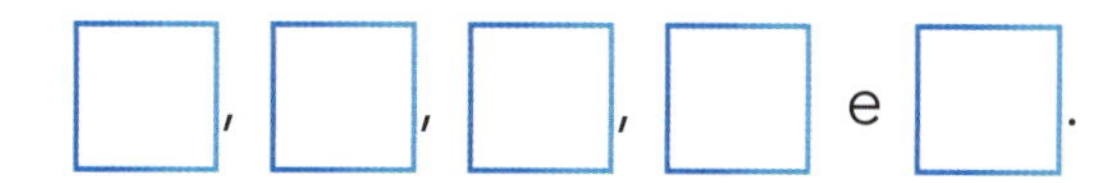

13 Complete as frases.

Reprodução/Casa da Moeda do Brasil/Ministério da Fazenda

a) Luciana trocou 1 nota de  por ________ notas de  e continuou com a mesma quantia.

b) Renato trocou 2 notas de  por ________ nota de  e continuou com a mesma quantia.

c) Vanessa tem 3 notas de . Então ela tem ________ reais.

d) Ricardo tem 1 nota de  e 2 notas de . Então ele tem ________ reais.

14 CÁLCULO MENTAL

a) 30 + 3 = ________

b) 54 + 2 = ________

c) 66 + 4 = ________

d) 82 + 7 = ________

15 COMPOSIÇÃO E DECOMPOSIÇÃO DE NÚMEROS EM DEZENAS INTEIRAS E UNIDADES

Veja os exemplos.

- 30 + 7 = 37 ⟵ composição do número 37
- 95 = 90 + 5 ⟵ decomposição do número 95

Complete fazendo a composição ou a decomposição do número.

a) 60 + 4 = ________

b) 38 = ________ + ________

c) 21 = ________________

d) 80 + 8 = ________

e) 40 + 6 = ________

f) 13 = ________________

16 NÚMERO PAR E NÚMERO ÍMPAR

Complete.

a) Números pares terminam em ______, ______, ______, ______ ou ______.

b) Números ímpares terminam em ______, ______, ______, ______ ou ______.

17 Faça o que se pede e, em seguida, responda às perguntas.

- Desenhe a quantidade necessária para completar 1 dúzia de laranjas.

As imagens não estão representadas em proporção.

Maks Narodenko/Shutterstock

a) Quantas laranjas você desenhou? ______________

b) A quantidade de laranjas que você desenhou corresponde a um número par ou ímpar? ______________

- Agora, risque os limões necessários para que fique apenas meia dúzia de limões.

azure1/Shutterstock

a) Quantos limões você riscou? ______________

b) A quantidade de limões que você riscou corresponde a um número par ou ímpar? ______________

18 **SEQUÊNCIAS**

Descubra e descreva o padrão (ou regularidade) de cada sequência. Depois, complete com os números que faltam.

a)

35	38	41	44			

b)

88	86	84	82			

19 Observe os números abaixo e indique os maiores do que 75. Depois, indique os números ímpares. ______________

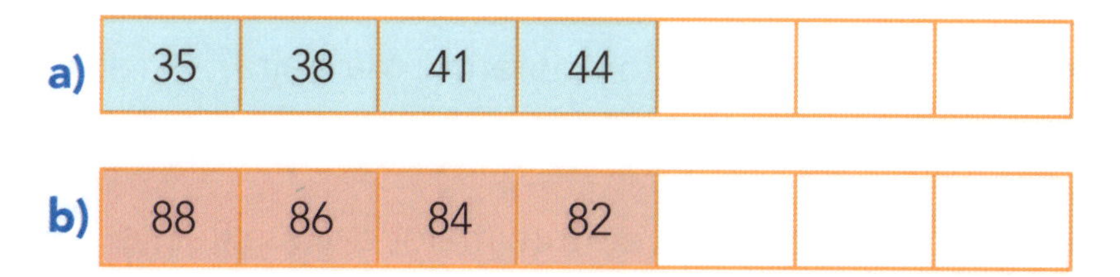

96	19	53	59	15	80	22	6

20 Alex e a família dele fizeram uma viagem pelo Nordeste.

Lá as medidas de temperatura estavam bem altas.

As imagens não estão representadas em proporção.

Tales Azzi/Pulsar Imagens

João Pessoa, PB. Foto de 2016.

Hans Von Manteuffel/Pulsar Image

Recife, PE. Foto de 2017.

Delfim Martins/Pulsar Imagens

Aracaju, SE. Foto de 2018.

A tabela mostra as medidas de temperatura média em 5 capitais no dia em que eles passaram por elas.

Algumas capitais da região Nordeste

Capital	Medida de temperatura
João Pessoa (PB)	30 °C
Natal (RN)	35 °C
Recife (PE)	29 °C
Maceió (AL)	31 °C
Aracaju (SE)	28 °C

Tabela elaborada para fins didáticos.

a) Qual cidade estava com a medida de temperatura mais alta?

____

b) Qual cidade registrou medida de temperatura maior do que Recife e menor do que Maceió?

____

c) Coloque em ordem crescente as medidas de temperatura das 5 cidades.

________, ________, ________, ________, ________.

21 QUEM SOU EU?

Descubra e complete.

a) Sou o maior dos números ímpares que ficam entre 38 e 42.

Sou o ________.

b) Sou o 4º número da sequência que vai, de 1 em 1, do 77 ao 84.

Sou o ________.

c) Sou maior do que 89, sou menor do que 93 e sou ímpar.

Sou o ________.

22 É HORA DE CONTAR FRUTAS!

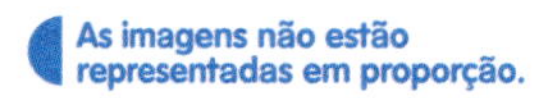

Observe as caixas e a quantidade de frutas em cada uma.

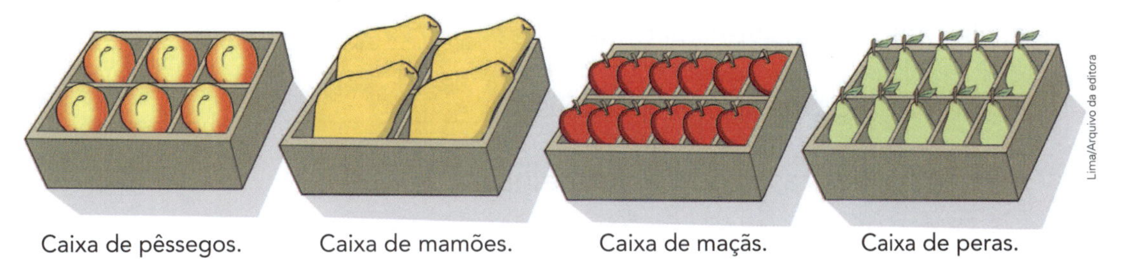

Caixa de pêssegos. Caixa de mamões. Caixa de maçãs. Caixa de peras.

Em cada item, compare a quantidade de frutas e complete a frase com **tem menos**, **tem mais** ou **tem a mesma quantidade de**. Depois, escreva e compare os números correspondentes com >, < ou =.

a) A caixa de pêssegos ____________ frutas do que a caixa de mamões.

______ ☐ ______

b) A caixa de peras ____________ frutas do que a caixa de maçãs.

______ ☐ ______

c) 1 caixa de peras ____________ frutas do que 2 caixas de mamões.

______ ☐ ______

d) 1 caixa de maçãs ______________________ frutas que 2 caixas de pêssegos.

______ ☐ ______

23 Veja o painel com figuras coloridas que Aninha desenhou.

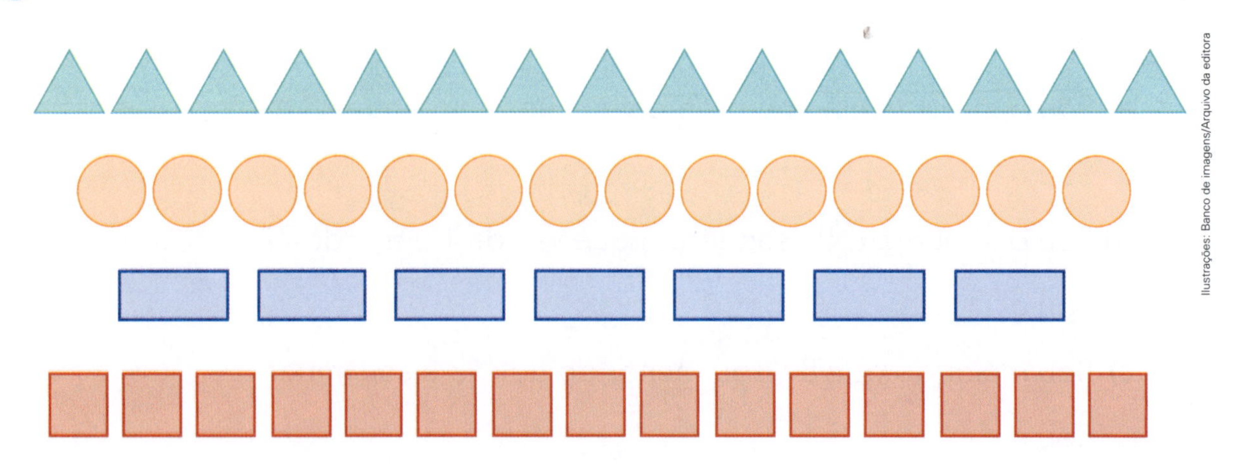

Ilustrações: Banco de imagens/Arquivo da editora

a) Sem contar as figuras, faça estimativas e responda.

- Há mais figuras verdes ou laranja? ______________________
- Há mais figuras laranja ou azuis? ______________________
- Há mais figuras azuis ou vermelhas? ______________________
- Há mais figuras verdes ou vermelhas? ______________________

b) Conte as figuras e registre os números.

- Figuras verdes: ________
- Figuras laranja: ________
- Figuras azuis: ________
- Figuras vermelhas: ________

c) Agora, compare os números e registre. Você acertou suas estimativas?

- Figuras verdes ou laranja: há mais figuras ______________, pois ________ ☐ ________.
- Figuras laranja ou azuis: há mais figuras ______________, pois ________ ☐ ________.
- Figuras azuis ou vermelhas: ______________________
- Figuras verdes ou vermelhas: ______________________

Regiões planas e contornos

1 Observe as figuras a seguir, pinte de verde as que representam sólidos geométricos e pinte de amarelo as que representam regiões planas.

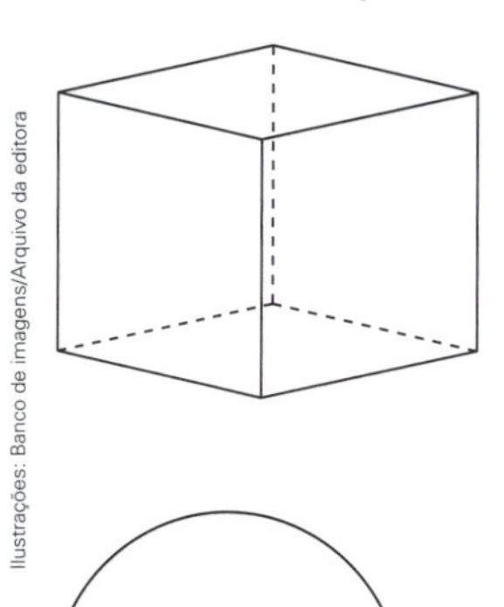
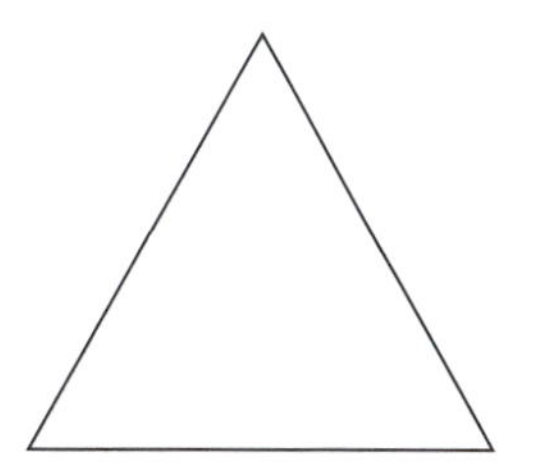
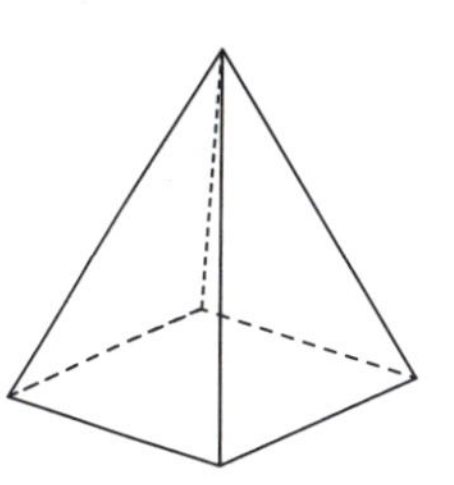
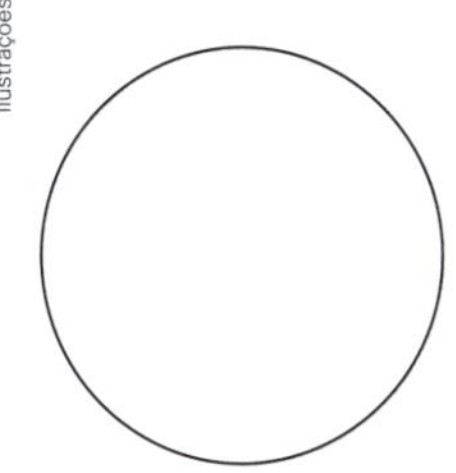
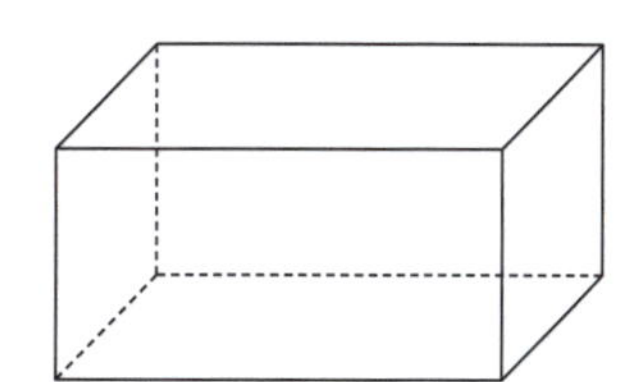
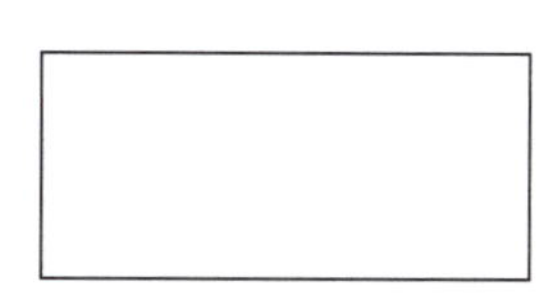

Ilustrações: Banco de imagens/Arquivo da editora

2 Observe cada sólido geométrico a seguir e desenhe uma das faces dele.

a)

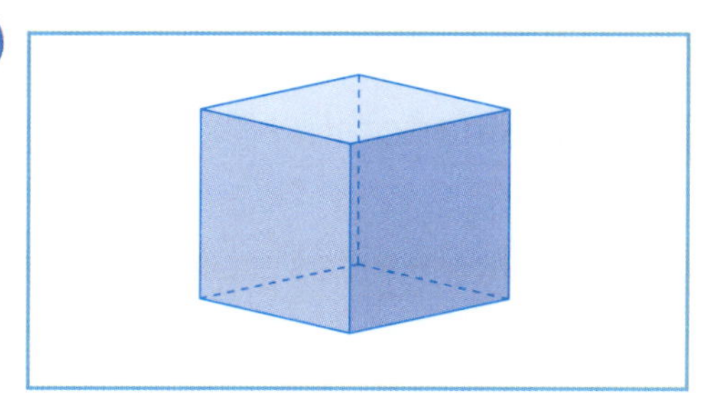

d)

b)

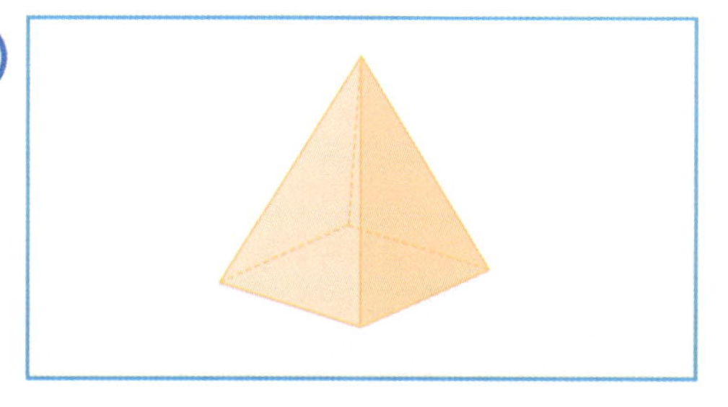

e)

c)

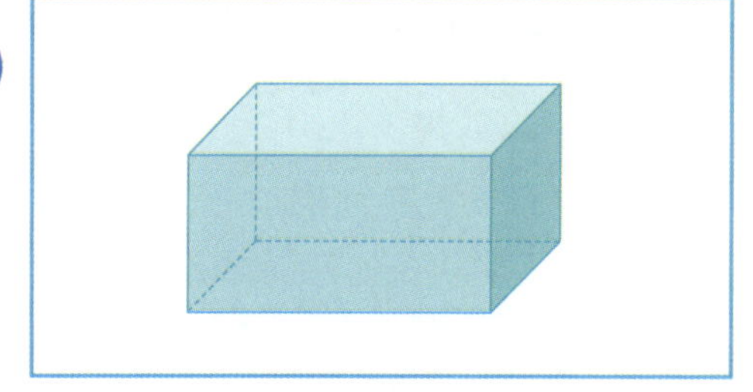

f)

Ilustrações: Banco de imagens/Arquivo da editora

3 Observe as regiões planas.

a) Preencha a tabela com a quantidade de regiões planas de cada forma.

Quantidade de regiões planas

Região plana	Quantidade
Retangular	
Circular	
Quadrada	
Triangular	

Tabela elaborada para fins didáticos.

b) Qual região plana aparece em maior quantidade? ______

c) Qual região plana aparece em menor quantidade? ______

d) Quantas regiões planas estão representadas no total? ______

4 Bruno e os colegas montaram alguns sólidos geométricos e pintaram cada um de uma cor.
Depois eles colocaram todos os sólidos geométricos sobre uma mesa.

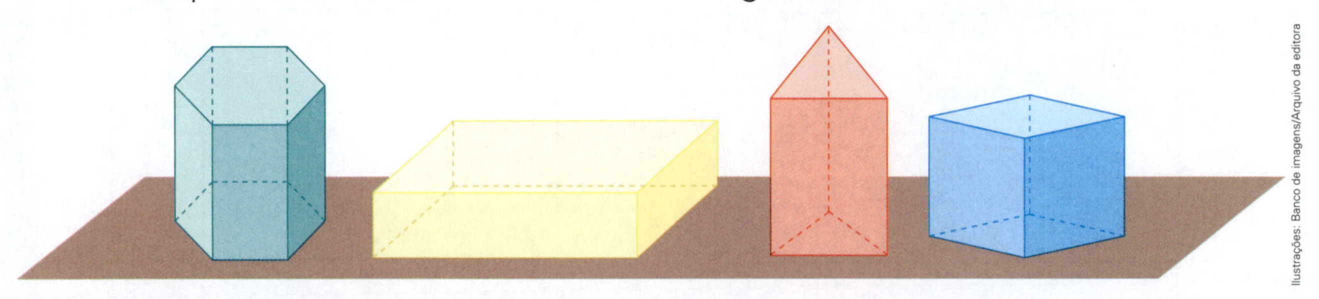

Observe as cores dos sólidos geométricos, pense na forma das faces apoiadas na mesa e pinte-as.

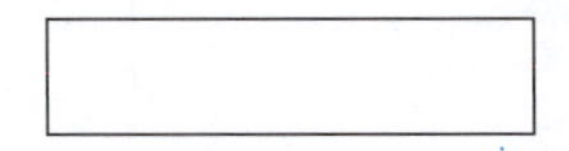

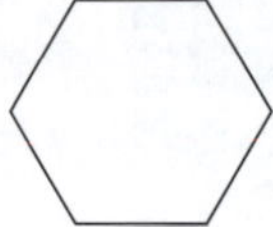
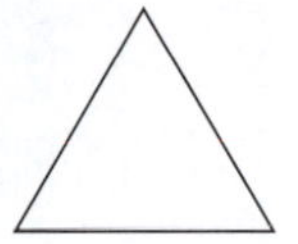

5 Vamos localizar regiões planas?
A região plana triangular laranja está na coluna **2** e na linha **C**. A posição dela é (2, C).

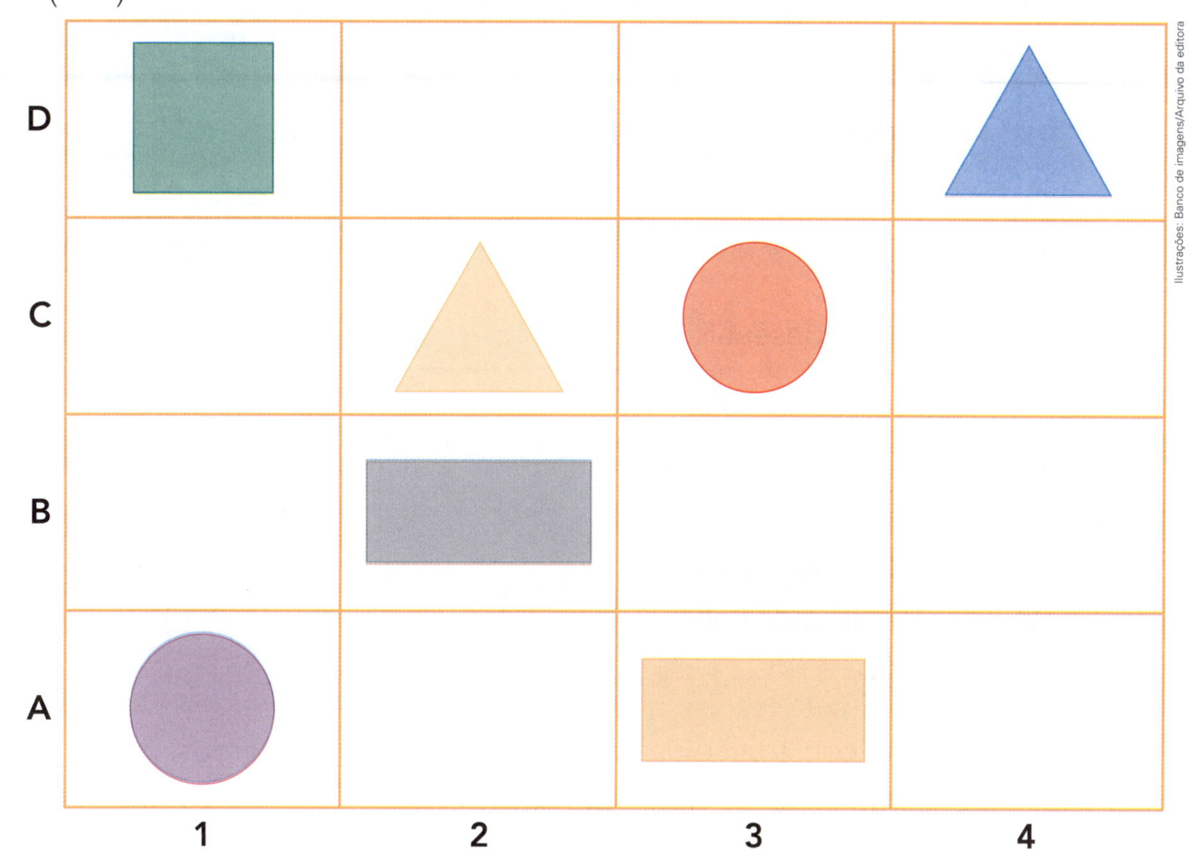

Ilustrações: Banco de imagens/Arquivo da editora

a) Qual é a posição da região circular roxa? ______________

b) Qual é a figura da posição (4, D)? ______________

c) Em qual linha está localizada a região circular vermelha? Represente a posição dela. ______________

d) Em qual coluna está localizada a região retangular cinza? Represente a posição dela. ______________

e) Complete: A região ______________ de cor ______________ está na coluna ________ e na linha **D**. A posição dela é (1, ________).

f) Agora, desenhe uma região quadrada na posição (1, B), uma região triangular na posição (2, D), uma região circular na posição (4, A) e uma região retangular na posição (1, C).

6 Veja o desenho que Mauro fez usando regiões planas.

Banco de imagens/Arquivo da editora

- Analise com atenção e indique o número de regiões planas que ele usou de cada tipo.

  a) Triangulares: ____________________

  b) Quadradas: ____________________

  c) Circulares: ____________________

  d) Retangulares: ____________________

- Agora você é o desenhista!

  Faça um desenho usando regiões planas.

  Mas, atenção: o desenho deve ter pelo menos uma região plana de cada tipo citado acima.

7 Renata fez uma construção usando cubos coloridos, 2 verdes, 2 vermelhos e 1 amarelo, como mostra a figura abaixo.

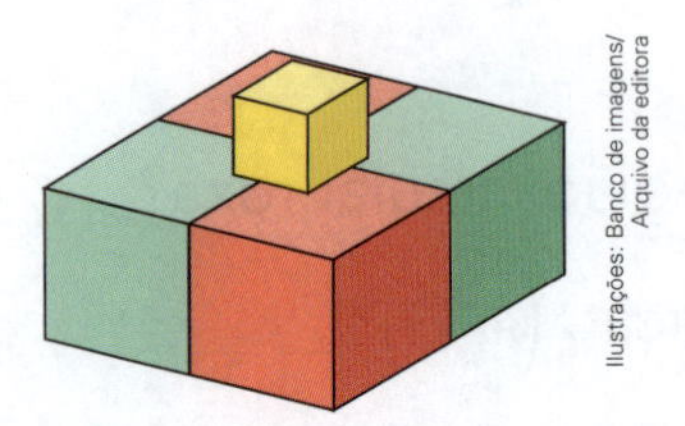

Ilustrações: Banco de imagens/Arquivo da editora

a) Assinale com um **X** quais dos desenhos abaixo não representam uma vista de baixo dessa construção.

b) Termine de pintar esta vista de cima da construção.

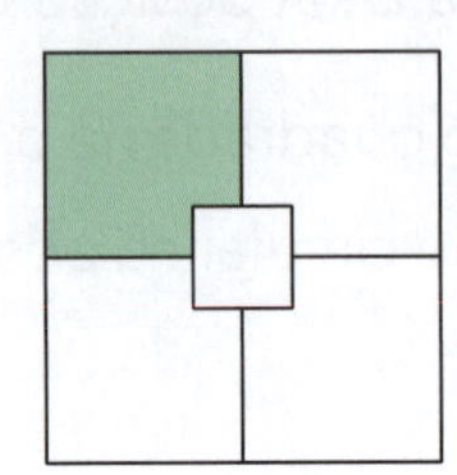

8 Observe os contornos desenhados abaixo e as letras correspondentes.

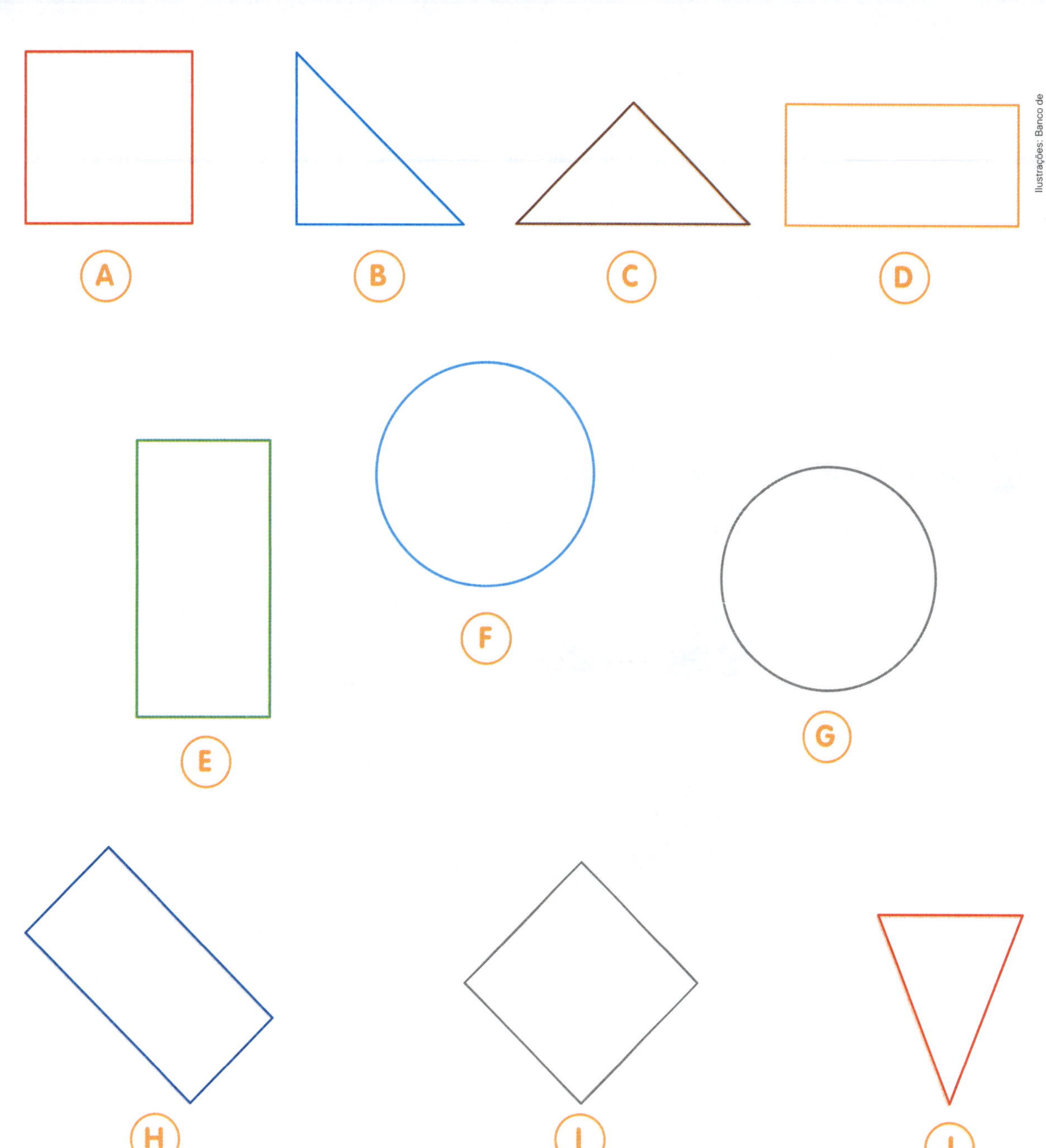

Indique os contornos com as letras correspondentes.

a) Os triângulos. ______________________________

b) Os quadrados. ______________________________

c) Os retângulos. ______________________________

d) As circunferências. ______________________________

9 Desenhe o contorno da região plana das figuras **B**, **C** e **D**, como foi feito com a figura **A**.

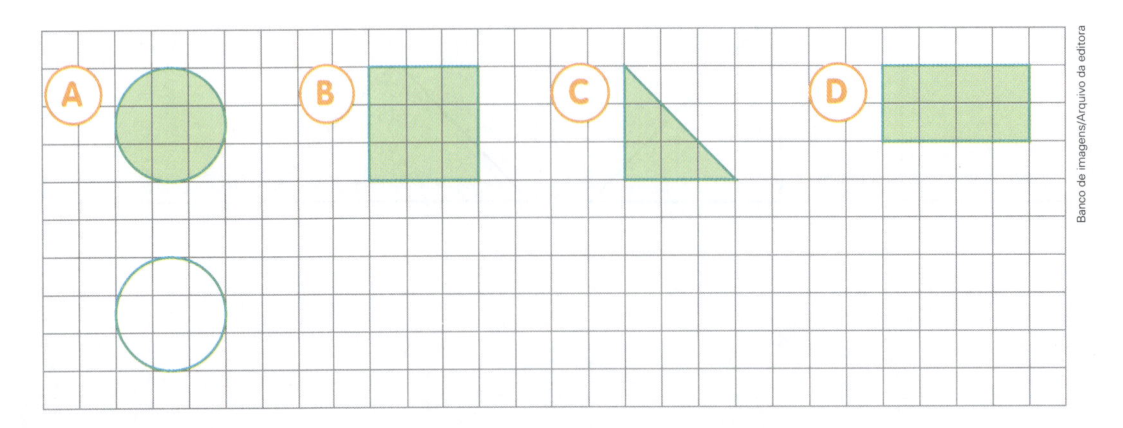

Banco de imagens/Arquivo da editora

10 DESCRIÇÃO DE MOVIMENTOS

Observe os movimentos feitos pelos carros.

Ilustrações: Lima/Arquivo da editora

a) **ATIVIDADE ORAL EM GRUPO** Converse com os colegas e descrevam juntos o movimento que cada carro fez, de acordo com a indicação da seta.

b) Agora, pinte cada carro de acordo com o movimento que ele fez.

- Virou para a esquerda.
- Andou para a frente.
- Andou de ré (para trás).
- Virou para a direita.

11 Vamos procurar figuras simétricas?

Assinale com um **X** as regiões planas que não apresentam simetria.

Nas regiões planas que apresentam simetria, trace o eixo de simetria.

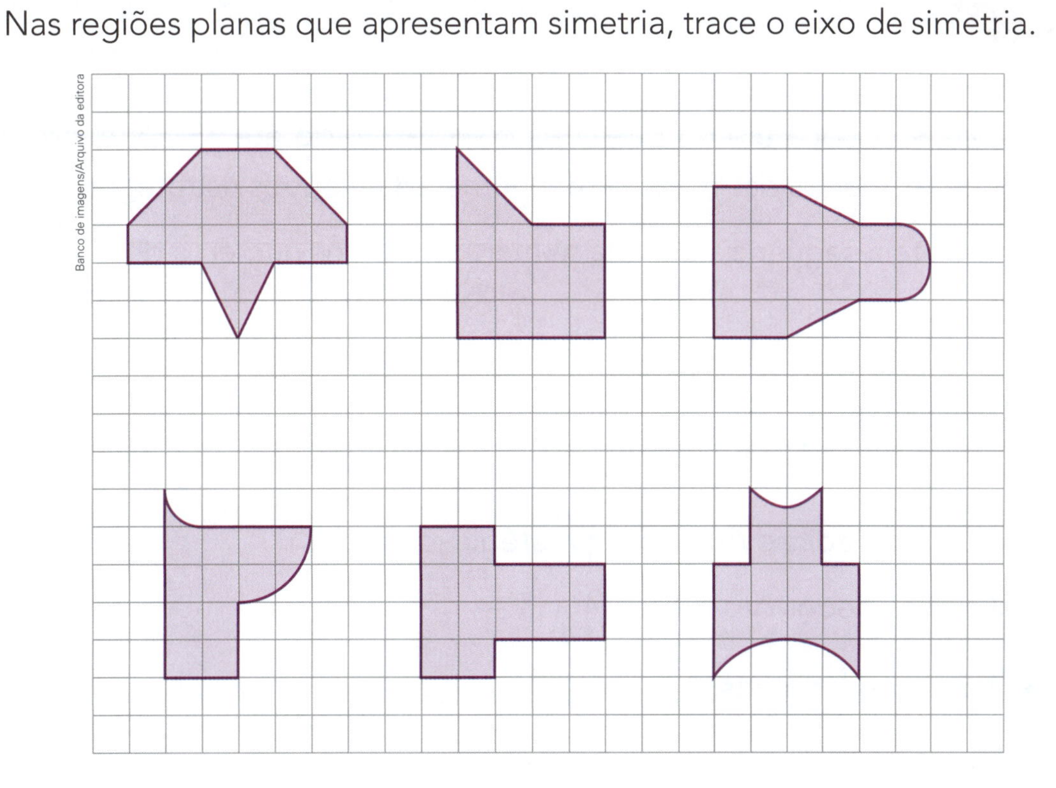

12 Complete o desenho abaixo de maneira que ele apresente simetria.

Depois, pinte bem bonito o avião!

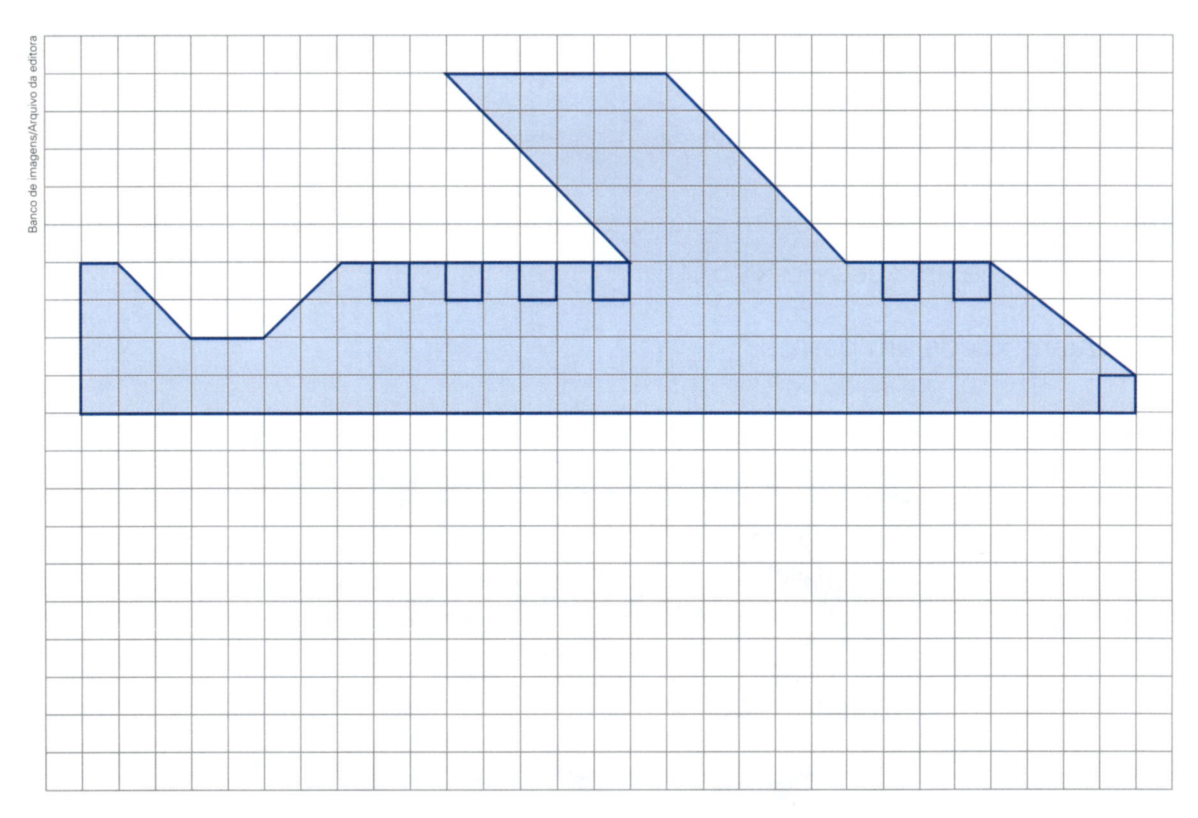

Unidade 5 Ampliando o estudo da adição

1 Na Unidade 1 você efetuou adições com resultado até 19. Para isso, usou desenhos, os dedos das mãos, a reta numerada e outras estratégias.

a) Complete a sequência e a reta numerada com os números de 1 a 19.

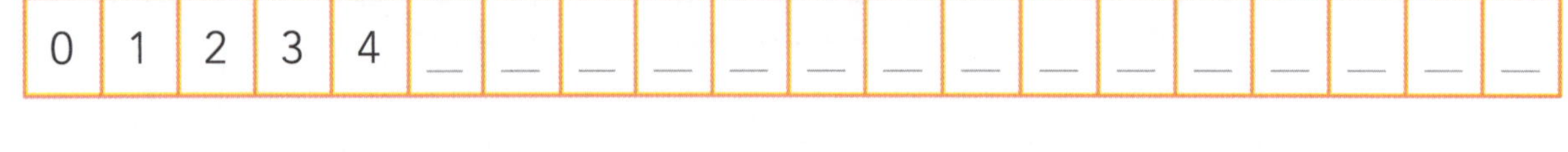

0	1	2	3	4	___	___	___	___	___	___	___	___	___	___	___	___	___	___	___

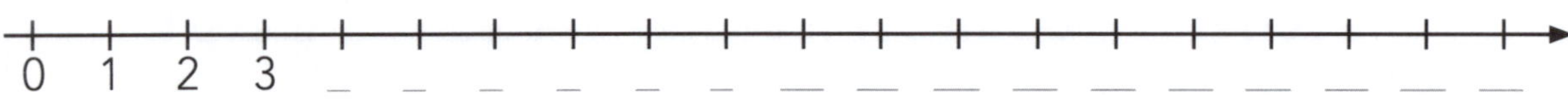

Banco de imagens/Arquivo da editora

b) Efetue cada adição usando a estratégia indicada.

- Com os dedos das mãos: 14 + 3 = ________
- Fazendo desenhos: 8 + 7 = ________
- "Andando" na reta numerada: 12 + 7 = ________

c) Agora, efetue as adições como julgar conveniente.

- 6 + 4 = ________
- 8 + 6 = ________
- 11 + 5 = ________
- 19 + 0 = ________
- 9 + 9 = ________
- 2 + 15 = ________

2 Marisa e 2 amigos foram à lanchonete e cada um pediu um sanduíche de R$ 12,00 e um suco de R$ 5,00.

Quanto cada um gastou? ________________

Ilustra Cartoon/Arquivo da editora

3 CÁLCULO MENTAL

Efetue as adições de dezenas inteiras.

a) 30 + 40 = ________

b) 70 + 10 = ________

c) 20 + 20 = ________

d) 60 + 30 = ________

e) 40 + 40 = ________

f) 10 + 30 = ________

4 Descubra o processo com os números já colocados na tabela de adições. Depois, complete a tabela com os números que faltam.

Tabela de adições

+	6	10	30	40
3	________	________	________	________
20	________	30 (20 + 10)	________	________
30	________	________	________	70 (30 + 40)
50	56 (50 + 6)	________	________	________

Tabela elaborada para fins didáticos.

5 CÁLCULO MENTAL

Veja como Raul efetuou mentalmente a adição 40 + 38.

Lima/Arquivo da editora

Efetue mentalmente mais estas adições.

a) 20 + 37 = ________

b) 59 + 10 = ________

c) 66 + 30 = ________

d) 40 + 41 = ________

e) 70 + 22 = ________

f) 50 + 25 = ________

6 Responda e indique a adição.

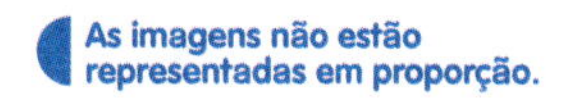

Quanto Marcela gastou na compra desse caderno e dessa mochila?

____

7 CÁLCULO MENTAL

Resolva e responda.

a) João tinha R$ 28,00 e ganhou 1 nota de R$ 10,00. Quanto ele tem agora?

____

b) Mara ganhou 1 nota de R$ 20,00 do pai e 1 nota de R$ 5,00 da mãe. Quanto ela ganhou no total?

____

8 Em um jogo de trilha, o peão de Gustavo estava na casa 53 no início de uma jogada. Veja o resultado dos 2 dados que ele lançou.

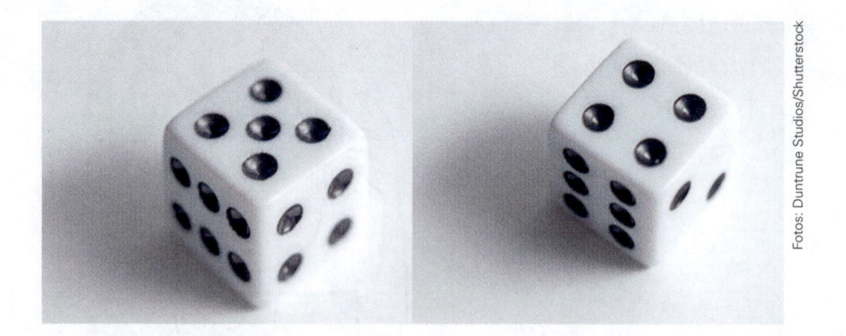

Gustavo deve movimentar o peão para a frente na trilha. Para qual casa da trilha ele deve movimentar o peão? ________________

9 ADIÇÃO SEM REAGRUPAMENTO

a) Efetue 54 + 25 pelos algoritmos indicados.

Pelo algoritmo da decomposição.

54 ⟶ _______ + _______

25 ⟶ _______ + _______

_______ + _______

____

Pelo algoritmo usual.

54 ⟶ _______

25 ⟶ + _______

____

Logo, _______ + _______ = _______.

b) Agora, efetue mais estas adições, pelo algoritmo que quiser. Faça no caderno e registre o resultado aqui.

- 33 + 12 = _______
- 33 + 33 = _______
- 7 + 41 = _______
- 24 + 74 = _______

10 Observe a imagem ao lado.

a) Quantos metros são percorridos para ir de uma casa até a outra, passando pela árvore? _______________

b) Em uma folha à parte, faça um desenho da vista de cima (planta) dessa imagem. Depois, registre no desenho um caminho possível para ir de uma casa até a outra.

11 CALCULADORA

Utilize uma calculadora para conferir os resultados das adições. Assinale aquela que está com o resultado errado e registre-a corretamente.

28 + 21 = 49

72 + 13 = 95

54 + 34 = 88

Correto: _______ + _______ = _______.

12 ADIÇÃO COM REAGRUPAMENTO

Efetue 28 + 35 pelos processos indicados.

Completando dezenas inteiras	Pelo algoritmo da decomposição	Pelo algoritmo usual
28 + 35 28 + _____ + _____ _____ + _____ _____	28 = _____ + _____ 35 = _____ + _____ _____ + _____ _____	28 + 35 _____

As imagens não estão representadas em proporção.

13 Observe os preços das roupas e calcule o que se pede.

a) Mariana comprou 1 camiseta e 1 calça. Quanto ela gastou?

____

Camiseta.

b) Diego comprou 1 bermuda e 1 boné. Quanto ele gastou?

____

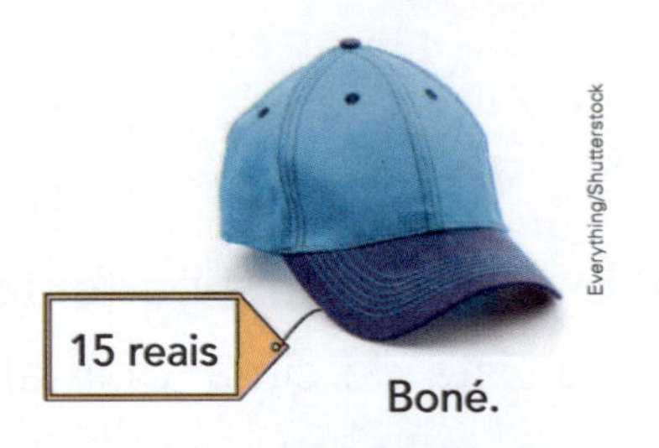

Boné.

c) Leonardo comprou 2 bermudas. Quanto ele gastou?

____

d) Bia comprou 1 camiseta, 1 calça e 1 boné. Quanto ela gastou?

____

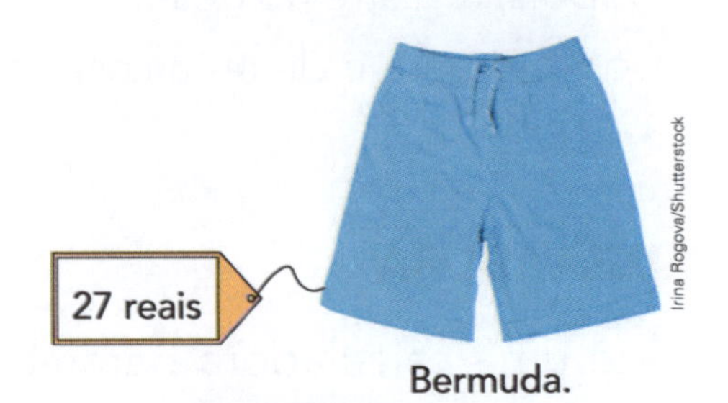

Bermuda.

e) Quem gastou mais?

____

f) Quem gastou menos?

____

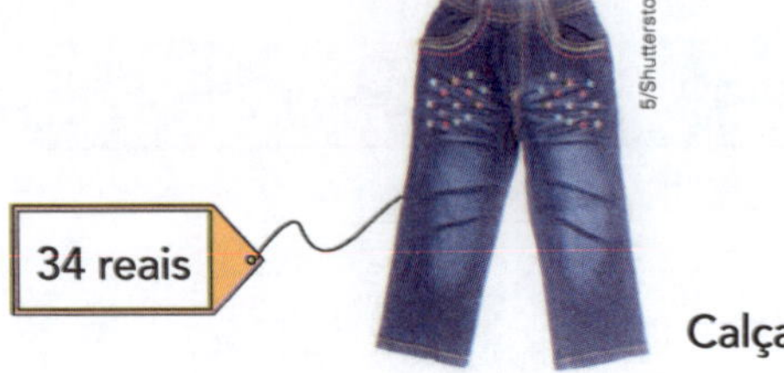

Calça.

14 Você se lembra de que, para somar 9, podemos somar 10 e tirar 1?

Exemplo: 57 + 9 ⟶ 57 + 10 = 67 e 67 − 1 = 66.

Logo, 57 + 9 = 66.

Usando o mesmo raciocínio, complete os itens.

a) Para somar 29, podemos somar ________ e tirar ________.

29 + 45 ⟶ ____________ e ____________. Logo, 29 + 45 = ________.

b) Para somar 18, podemos somar ________ e tirar ________.

74 + 18 ⟶ ____________ e ____________. Logo, 74 + 18 = ________.

15 Use o processo da atividade anterior e efetue cada adição mentalmente.

a) 36 + 19 = ________

b) 87 + 8 = ________

c) 59 + 17 = ________

d) 64 + 9 = ________

16 Para calcular o preço dos 2 livros juntos, temos vários caminhos. Complete os exemplos de cálculo abaixo.

- 30 + 39 = ______ e ______ − ______ = ______
- 29 + 40 = ______ e ______ − ______ = ______
- 30 + 40 = ______ e ______ − ______ = ______
- Algoritmo usual >

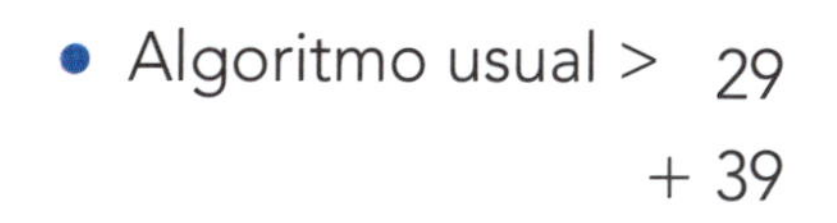

$$\begin{array}{r} 29 \\ +\ 39 \\ \hline \end{array}$$

Ilustrações: Ilustra Cartoon/Arquivo da editora

17 **ADIÇÃO COM 3 OU MAIS NÚMEROS**

Efetue 15 + 10 + 5 de todas as maneiras indicadas.

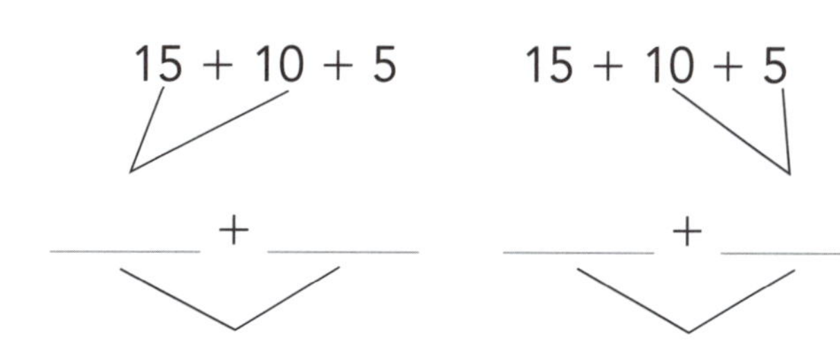

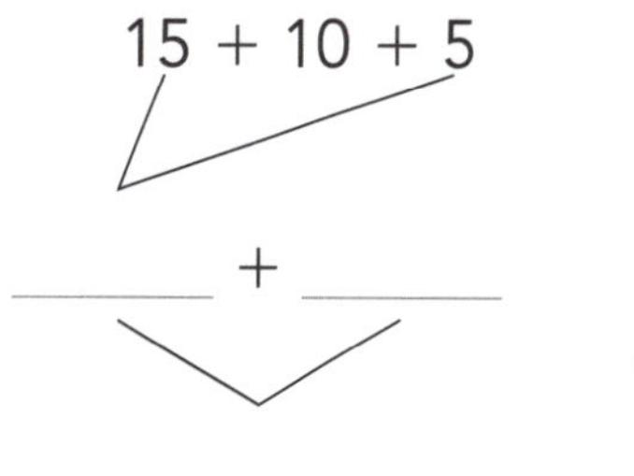

$$\begin{array}{r} 15 \\ 10 \\ +\ 5 \\ \hline \end{array}$$

18 Veja a quantia que 3 crianças têm.

As imagens não estão representadas em proporção.

Júlio.

Pedro.

Ana.

Ilustrações: Lima/Arquivo da editora

Reprodução/Casa da Moeda do Brasil/ Ministério da Fazenda

_______ reais. _______ reais. _______ reais.

a) Registre a quantia de cada criança.

b) Agora, registre mais estas quantias.

- Júlio e Pedro juntos. _______ reais
- As 3 crianças juntas. _______ reais

19 CALCULADORA

Descubra os algarismos dos quadrinhos. Depois, registre a operação e efetue-a com uma calculadora para conferir.

a)

$$\begin{array}{r} \square\ 7 \\ +\ 2\ \square \\ \hline 8\ 0 \end{array}$$

b)

$$\begin{array}{r} 6\ \square \\ +\ \square\ 7 \\ \hline 9\ 7 \end{array}$$

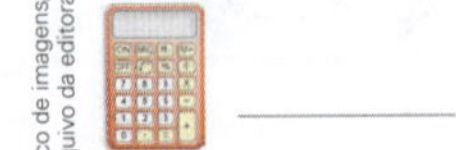

Banco de imagens/ Arquivo da editora

_______ + _______ = _______ _______ + _______ = _______

20 ARREDONDAMENTO E RESULTADO APROXIMADO

- Assinale o valor mais próximo do resultado exato.

a) 39 + 19 — 50 / 60 / 70

b) 51 + 42 — 70 / 80 / 90

c) 29 + 62 — 90 / 80 / 70

- Agora, efetue as operações pelo algoritmo usual para conferir.

Ampliando o estudo da subtração

1 Na Unidade 1 você estudou subtrações com números até 19. Para isso, usou desenhos, os dedos das mãos, a reta numerada e outras estratégias. Veja os exemplos abaixo e indique as subtrações correspondentes.

a) Júlio fez desenhos.

Subtração: _____ − _____ = _____

b) João também fez desenhos.

Subtração: ____________________

Lima/Arquivo da editora

Lima/Arquivo da editora.

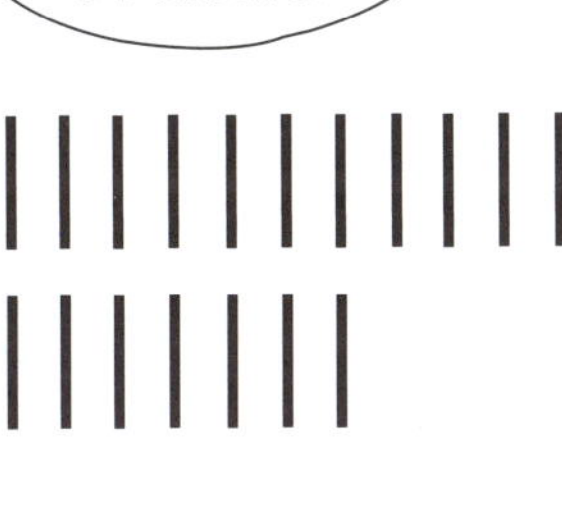

Lima/Arquivo da editora.

c) Lívia usou os dedos das mãos.

Subtração: ____________________

d) Marta "andou" para trás na reta numerada.

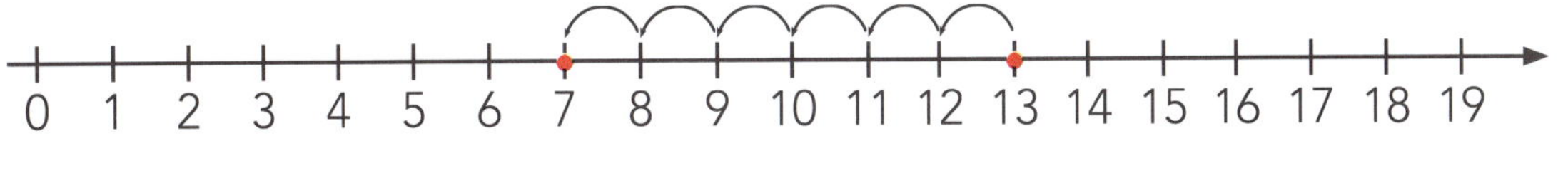

Banco de imagens/Arquivo da editora

Subtração: ____________________

2 CÁLCULO MENTAL

a) 18 − 5 = ______
b) 9 − 2 = ______
c) 13 − 4 = ______
d) 17 − 7 = ______
e) 19 − 16 = ______
f) 15 − 1 = ______

3 Paulo comprou este sorvete e pagou com esta nota: 

Reprodução/Casa da Moeda do Brasil/ Ministério da Fazenda

Quanto ele recebeu de troco? ______________

As imagens não estão representadas em proporção.

Sorvete.

M. Unal Ozmen/Shutterstock

4 Na Unidade 3 você efetuou subtrações com dezenas inteiras e algumas subtrações pensando na reta numerada.

Efetue mais estas subtrações.

a) 80 − 20 = ______
b) 70 − 60 = ______
c) 40 − 10 = ______
d) 90 − 40 = ______
e) 60 − 30 = ______
f) 45 − 3 = ______
g) 81 − 4 = ______
h) 50 − 2 = ______
i) 27 − 5 = ______

5 Veja as quantias que as crianças têm.

Reprodução/Casa da Moeda do Brasil/ Ministério da Fazenda

Lúcia.
______ reais.

Bruno.
______ reais.

Marcos.
______ reais.

a) Registre a quantia de cada criança.

b) Quantos reais Lúcia tem a mais do que Bruno? ______________

c) Quanto falta a Marcos para ter a mesma quantia de Bruno? ______________

6 No quadro há adições e subtrações.

Pinte os 2 quadrinhos com operações de resultados iguais.

12 − 8	39 − 4	50 − 40	41 − 5
20 + 20	5 + 7	40 − 2	4 + 6

7 SUBTRAÇÃO SEM REAGRUPAMENTO

a) Analise e complete estas 2 maneiras de efetuar 88 − 36.

- Para subtrair 36, podemos tirar 30 e depois tirar 6.

  88 − 30 = ________

  ________ − ________ = ________

  Logo, 88 − 36 = ________.

- Pelo algoritmo usual, subtraímos as unidades e depois as dezenas.

$$\begin{array}{r} 88 \\ -\ 36 \\ \hline \end{array}$$

  Logo, ________ − ________ = ________.

b) Efetue agora 47 − 12 das 2 maneiras.

8 Escolha o processo e efetue mais estas subtrações.

a) 53 − 31 = ________

b) 98 − 34 = ________

c) 72 − 42 = ________

d) 69 − 16 = ________

9 Na escola em que Júlia estuda há 97 alunos no 1º ano e 83 alunos no 2º ano. Calcule e complete.

Há ________ alunos a mais no ________ ano do que no ________ ano.

10 ARREDONDAMENTOS

Observe a reta numerada e responda.

40 41 42 43 44 45 46 47 48 49 50

Banco de imagens/Arquivo da editora

a) O número 48 está mais próximo de 40 ou 50? ______

b) O número 41 está mais próximo de 40 ou 50? ______

11 Arredonde cada número a seguir para a dezena exata mais próxima.

a) 72 ______ **d)** 54 ______ **g)** 26 ______

b) 83 ______ **e)** 41 ______ **h)** 19 ______

c) 87 ______ **f)** 57 ______

12 Responda às questões.

As imagens não estão representadas em proporção.

a) Maurício comprou 2 carrinhos; cada um custava 8 reais. Ele pagou com [20 reais]. Quanto Maurício recebeu de troco? ______

Reprodução/Casa da Moeda do Brasil/Ministério da Fazenda

b) Liliane foi ao mercado levando [50 reais]. O total das compras foi de 47 reais. O dinheiro que ela levou foi suficiente para pagar? Quanto sobrou ou faltou de dinheiro?

______

13 CÁLCULO MENTAL

Calcule, complete e escreva a subtração correspondente.

Mara tem R$ 11,00 e Paulo tem R$ 9,00.

Então ______ tem R$ ______ a mais do que ______.

Subtração: ______

14 Maurício construiu uma sequência de 5 números com este padrão: partiu do número 58 e, do 2º número em diante, foi tirando sempre 9 do anterior. Construa essa sequência.

15 Você se lembra de que, para subtrair 9, podemos subtrair 10 e somar 1?

Exemplo: 45 − 9 → 45 − 10 = 35 e 35 + 1 = 36. Logo, 45 − 9 = 36.

Usando o mesmo raciocínio, complete os itens.

a) Para subtrair 39, podemos subtrair ______ e somar ______.

62 − 39 → ______________ e ______________. Logo, 62 − 39 = ______.

b) Para subtrair 18, podemos subtrair ______ e somar ______.

91 − 18 → ______________ e ______________. Logo, 91 − 18 = ______.

16 CÁLCULO MENTAL

Use o processo da atividade anterior e calcule o resultado de cada subtração (diferença).

a) 33 − 19 = ______

b) 80 − 9 = ______

c) 55 − 8 = ______

d) 42 − 39 = ______

17 A mãe de Regina comprou 3 dúzias de laranja e separou 15 laranjas para fazer suco para as crianças.
Quantas laranjas ela não usará para fazer o suco?

Ilustra Cartoon/Arquivo da editora

____

18 Use os números 7, 3 e 10 e complete as adições e as subtrações envolvendo esses 3 números.

______ + ______ = ______ ______ − ______ = ______

______ + ______ = ______ ______ − ______ = ______

19 Complete com o número que falta.

a) ______ + 12 = 15

b) 7 + ______ = 14

c) ______ − 5 = 8

d) 11 − ______ = 2

20 Bete e Ana estão brincando com pulseiras.

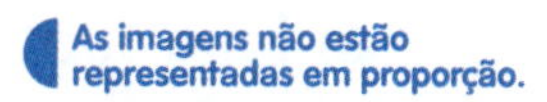

EugeniaSt/Shutterstock

EugeniaSt/Shutterstock

Rose Carson/Shutterstock

EugeniaSt/Shutterstock

EugeniaSt/Shutterstock

Leia, calcule e complete.

a) Bete tem 28 pulseiras amarelas e ______ pulseiras vermelhas, totalizando 39 pulseiras.

b) Clara tem 34 pulseiras pretas e 12 pulseiras verdes. Ela tem ______ pulseiras ____________ a mais do que pulseiras ____________.

c) A diferença entre o número de pulseiras amarelas e o número de pulseiras vermelhas de Bete é de ______ pulseiras.

21 CÁLCULO MENTAL E CALCULADORA

Faça arredondamentos, calcule e assinale o valor mais próximo do resultado. Depois, use uma calculadora e registre o resultado exato.

a) 69 − 32 → 30 / 40 / 50

b) 91 − 28 → 70 / 50 / 60

c) 88 − 59 → 30 / 40 / 20

Banco de imagens/Arquivo da editora

69 − 32 = ______

91 − 28 = ______

88 − 59 = ______

22 ADIÇÃO E SUBTRAÇÃO: VAMOS PRATICAR?

Use o processo indicado para efetuar as operações.

a) Com os dedos das mãos.

- 37 + 6 = ______
- 73 + 5 = ______

b) Pensando na reta numerada.

- 82 − 4 = ______

c) Fazendo desenhos (tracinhos, bolinhas, etc.).

- 15 − 8 = ______
- 14 − 7 = ______

d) Calculando mentalmente.

- 60 − 20 = ______
- 50 + 40 = ______

e) Pelo algoritmo usual.

- 39 − 16 = ______

f) Pelo algoritmo da decomposição.

- 57 + 33 = ______
- 44 + 51 = ______

g) Pelo processo que quiser.

- 25 + 39 = ______
- 61 − 19 = ______
- 87 − 56 = ______
- 38 + 23 = ______

23 Marcelo tinha R$ 32,00, ganhou R$ 20,00 do pai 51 e comprou este livro.

Com quantos reais ele ainda ficou? ____________

Ilustra Cartoon/Arquivo da editora

Rios do Brasil

R$ 41,00

24 Carlos está fazendo roupas para as bonecas da filha. Ele guarda os botões em potes. Veja 4 deles.

As imagens não estão representadas em proporção.

Ilustrações: Ilustra Cartoon/Arquivo da editora

Pote **A**. 53 botões.

Pote **B**. 12 botões.

Pote **C**. 35 botões.

Pote **D**. 27 botões.

Calcule e responda.

a) Quantos botões os potes **C** e **D** têm juntos? ____________

b) Com quantos botões o pote **B** ficará se Carlos colocar 40 botões nele?

____

c) Com quantos botões o pote **C** ficará se Carlos separar 18 botões dele?

____

d) Quantos botões Carlos precisa colocar no pote **C** para que ele fique com 58 botões? ____________

e) Quantos botões o pote **D** tem a menos do que o pote **A**? ____________

Unidade 7

Multiplicação

1 Marisa fez desenhos para descobrir o resultado de algumas multiplicações. Observe os desenhos em cada item e indique a multiplicação correspondente.

a) 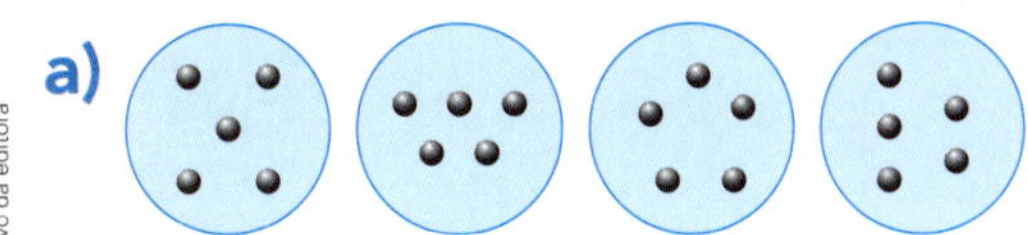

_____ × _____ = _____ ou × _____

b) 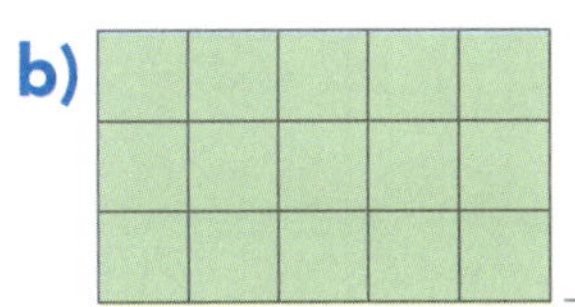

___ × ___ = ___ ou ___ × ___ = ___ ou × ___ ou × ___

Banco de imagens/Arquivo da editora

2 Agora você desenha e indica a multiplicação correspondente.

a) 6 grupos de 2.

_____ × _____ = _____

b) Uma região retangular de 8 colunas e 3 linhas.

_____ × _____ = _____

ou

_____ × _____ = _____

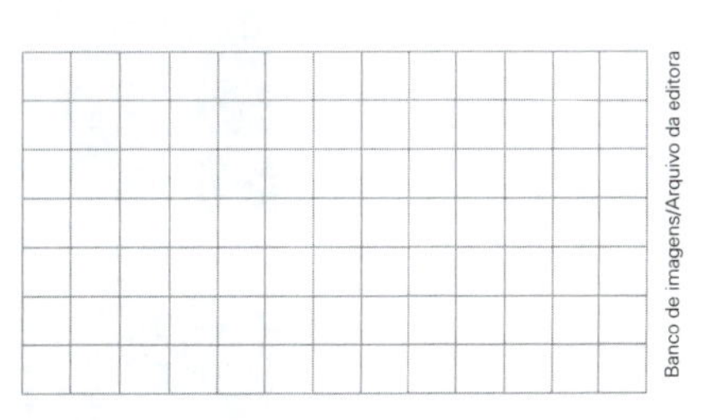

Banco de imagens/Arquivo da editora

3 Responda e indique a multiplicação correspondente. Qual é a quantia total que obtemos com todas estas notas?

As imagens não estão representadas em proporção.

Reprodução/Casa da Moeda do Brasil/Ministério da Fazenda

____

_____ × _____ = _____ ou × _____

4 Marcos descobriu o resultado de 3×12 fazendo uma adição de parcelas iguais. Veja.

$3 \times 12 = 12 + 12 + 12 = 36$

$$\begin{array}{r} 12 \\ 12 \\ +12 \\ \hline 36 \end{array}$$

Efetue mais estas multiplicações usando esse processo.

a) $2 \times 46 =$ ________

b) $3 \times 23 =$ ________

c) $5 \times 13 =$ ________

d) $4 \times 22 =$ ________

5 No álbum de figurinhas de Leandro, todas as páginas são como esta.

Responda e indique a multiplicação correspondente.

Ilustra Cartoon/Arquivo da editora

Página do álbum de figurinhas.

a) Quantas figurinhas devem ir em cada página? ________________

Multiplicação: ______ × ______ = ______ ou ________________

b) Quantas figurinhas são necessárias para completar 5 páginas desse álbum?

____

Multiplicação: ________________

c) Quantas figurinhas são necessárias para completar 10 páginas do álbum?

____

As imagens não estão representadas em proporção.

6 Rute foi à pizzaria com alguns amigos. Veja as opções de suco e *pizza* brotinho (individual) do cardápio.

Tipos de suco

Slawomir Zelasko/Shutterstock

Laranja (L).

attaphong/Shutterstock

Uva (U).

Serhiy Shullye/Shutterstock

Abacaxi (A).

Tipos de *pizza*

Rodrigo Paiva/Folhapress

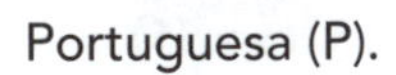
Portuguesa (P).

Rodrigo Paiva/Folhapress

Muçarela (M).

Rodrigo Paiva/Folhapress

Calabresa (C).

Rute pediu 1 suco de laranja e 1 *pizza* portuguesa.

Vamos indicar o pedido dela assim: L – P.

a) Quantos são os tipos de suco disponíveis no cardápio?

____

b) E quantos são os tipos de *pizza*? ______________________

c) Quantas são as possibilidades de escolha de 1 tipo de suco e 1 tipo de *pizza*?

____

d) Escreva todas as possibilidades para conferir sua resposta do item c.

____

7 Se na situação anterior fossem 4 tipos de suco e 5 tipos de *pizza*, então quantas seriam as possibilidades de escolha de 1 suco e 1 *pizza*?

____

8 Faça como quiser e descubra o resultado de cada multiplicação.

a) $2 \times 7 =$ _____ **b)** $2 \times 9 =$ _____

9 Vamos recordar a tabuada do 2. Complete.

$2 \times 0 =$ _____	$2 \times 4 =$ _____	$2 \times 8 =$ _____
$2 \times 1 =$ _____	$2 \times 5 =$ _____	$2 \times 9 =$ _____
$2 \times 2 =$ _____	$2 \times 6 =$ _____	$2 \times 10 =$ _____
$2 \times 3 =$ _____	$2 \times 7 =$ _____	$2 \times 11 =$ _____

10 Você já viu: dobro significa 2 vezes.

O dobro de 5 é 10, pois $5 + 5 = 10$ ou $2 \times 5 = 10$.

Calcule e registre.

a) O dobro de 4 é _____.

b) O dobro de 8 é _____.

c) O dobro de 10 é _____.

d) Atenção: o dobro de 36 é _____.

11 Observe as frutas nas caixas.

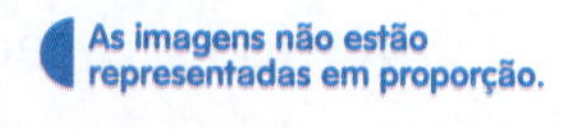

Voiddy/Shutterstock

Ian 2010/Shutterstock

Adcharin Chitthammachuk/Shutterstock

Anatoly Vartanov/Shutterstock

_____ maçãs. _____ bananas. _____ laranjas.

a) Registre quantas frutas há em cada caixa.

b) Complete.

- O número de _______________ é 2 a mais que o de _______________.
- O número de _______________ é o dobro do número de _______________.

12 Efetue as multiplicações como quiser e registre os resultados.

a) $3 \times 5 =$ ________ **b)** $3 \times 8 =$ ________

13 Vamos recordar a tabuada do 3. Escreva o resultado de cada multiplicação.

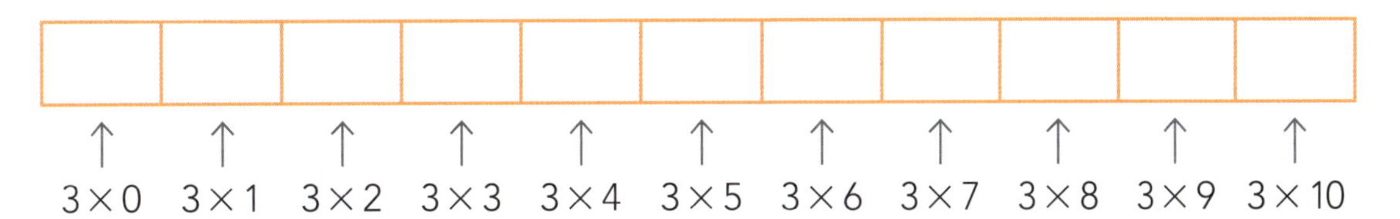

14 Você já viu: triplo significa 3 vezes.

O triplo de 5 é 15, pois $5 + 5 + 5 = 15$ ou $3 \times 5 = 15$.

Calcule e registre.

a) O triplo de 2 é ________.

b) O triplo de 7 é ________.

c) O triplo de 10 é ________.

d) Atenção: o triplo de 32 é ________.

15 Observe as quantias das 3 crianças.

As imagens não estão representadas em proporção.

Reprodução/Casa da Moeda do Brasil/ Ministério da Fazenda

Pedro:  ________ reais.

Rosângela:  ________ reais.

Mário:   ________ reais.

a) Registre quantos reais cada criança tem.

b) Complete as frases.

- ______________ tem o dobro da quantia de ______________.
- ______________ tem o triplo da quantia de ______________.

16 Efetue como quiser e registre o resultado de cada multiplicação.

a) $4 \times 5 =$ ________ **b)** $4 \times 8 =$ ________

17 Vamos recordar a tabuada do 4. Complete.

$4 \times 0 =$ ________ $4 \times 4 =$ ________ $4 \times 8 =$ ________

$4 \times 1 =$ ________ $4 \times 5 =$ ________ $4 \times 9 =$ ________

$4 \times 2 =$ ________ $4 \times 6 =$ ________ $4 \times 10 =$ ________

$4 \times 3 =$ ________ $4 \times 7 =$ ________

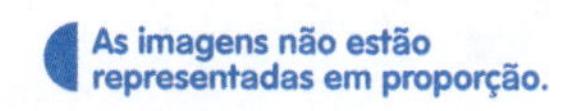

18 Veja o preço por unidade de alguns alimentos da lanchonete.

Agora, calcule e indique o preço de cada compra.

Sergey Peterman/Shutterstock
Sanduíche. 10 reais

Evgeny Karandaev/Shutterstock
Salada de folhas. 4 reais

pilipphoto/Shutterstock
Salada de frutas. 5 reais

a) 2 saladas de frutas custam ________ reais.

b) 4 saladas custam ________ reais.

c) 3 sanduíches custam ________ reais.

d) 3 saladas e 1 sanduíche custam ________ reais.

e) 4 saladas de frutas e 4 sanduíches custam ________ reais.

19 Pinte da mesma cor os quadrinhos com operações de resultados iguais.

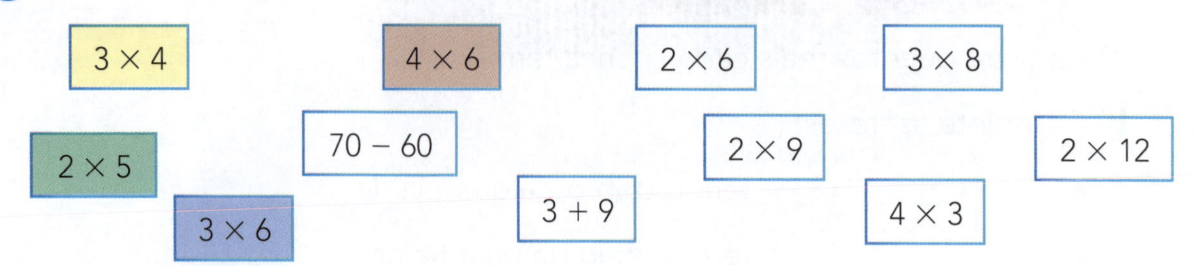

20 Faça como quiser, descubra o resultado e registre.

a) $5 \times 7 =$ ______ **b)** $5 \times 9 =$ ______

21 Vamos recordar a tabuada do 5. Complete.

$5 \times 0 =$ ______ $5 \times 4 =$ ______ $5 \times 8 =$ ______

$5 \times 1 =$ ______ $5 \times 5 =$ ______ $5 \times 9 =$ ______

$5 \times 2 =$ ______ $5 \times 6 =$ ______ $5 \times 10 =$ ______

$5 \times 3 =$ ______ $5 \times 7 =$ ______

22 CONTAGENS

As imagens não estão representadas em proporção.

a) Conte as goiabas de 3 em 3. ______, ______, ______, ______.

Total: ______ goiabas.

anat chant/Shutterstock

b) Agrupe e conte as ameixas de 4 em 4. ______, ______, ______, ______.

Total: ______ ameixas.

koll/Shutterstock

c) Agrupe e conte os morangos de 5 em 5. ______, ______, ______.

Total: ______ morangos.

Maks Narodenko/Shutterstock

23 Veja a quantia que cada criança tem.

As imagens não estão representadas em proporção.

Lucas : [cédula de 10 reais] [cédula de 5 reais] ⟶ _________ reais.

Paula : o dobro de Lucas. ⟶ _________ reais.

Solange : 20 reais a menos do que Paula. ⟶ _________ reais.

Renato : o triplo de Solange. ⟶ _________ reais.

Reprodução/Casa da Moeda do Brasil/Ministério da Fazenda

a) Registre as quantias das crianças.

b) Complete os valores que faltam no eixo horizontal (quantia em reais). Depois, construa as barras do gráfico de acordo com as cores e as quantias.

Banco de imagens/Arquivo da editora

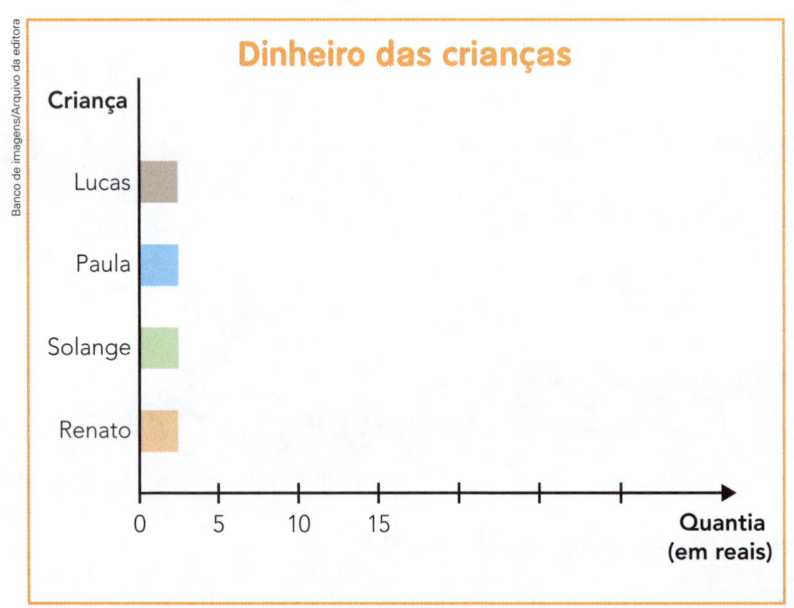

Gráfico elaborado para fins didáticos.

c) Responda às questões usando os dados obtidos.

- Quem tem a menor quantia? _________________________
- Quais crianças têm quantias iguais? _________________________
- A quantia de Renato é o dobro da quantia de quem?

____

- A quantia de Renato é o triplo da quantia de quem?

____

- Qual é a quantia das 4 crianças juntas? _________________________

Unidade 8 Divisão

1 A professora pediu aos alunos que efetuassem esta divisão.

$12 \div 4$

Leia e complete tudo que falta.

Marta repartiu igualmente 12 bolinhas em 4 grupos.

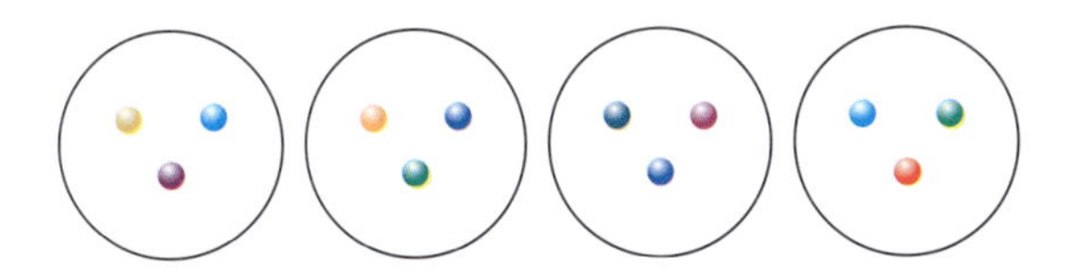

- _______ bolinhas ao todo.
- _______ grupos.
- _______ bolinhas em cada grupo.

Rafael verificou quantos grupos de 4 podemos formar com 12 bolinhas.

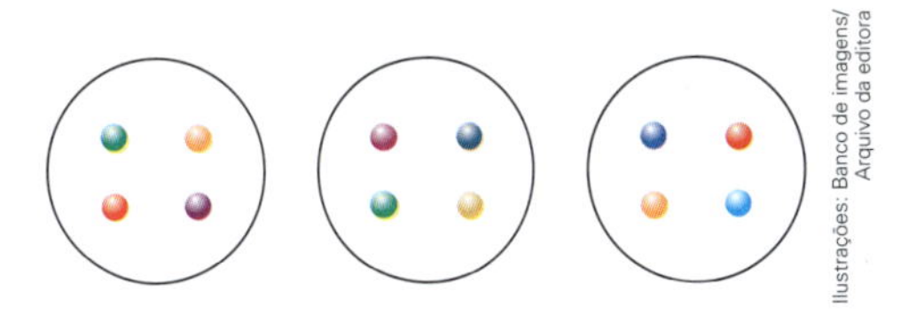

Ilustrações: Banco de imagens/Arquivo da editora

- _______ bolinhas ao todo.
- _______ bolinhas em cada grupo.
- _______ grupos.

Logo, $12 \div 4 =$ _______.

2 Faça o mesmo com a divisão $15 \div 3$.

- _______ bolinhas ao todo.
- _______ grupos.
- _______ bolinhas em cada grupo.

- _______ bolinhas ao todo.
- _______ bolinhas em cada grupo.
- _______ grupos.

Logo, _______ $\div$ _______ $=$ _______.

3 Estas divisões você efetua como quiser.

a) $8 \div 2 =$ _______

b) $10 \div 5 =$ _______

4 PROBLEMAS

Continue fazendo desenhos para efetuar a divisão.

a) Paula tem 20 fotos e vai distribuí-las igualmente em 5 páginas de um álbum.

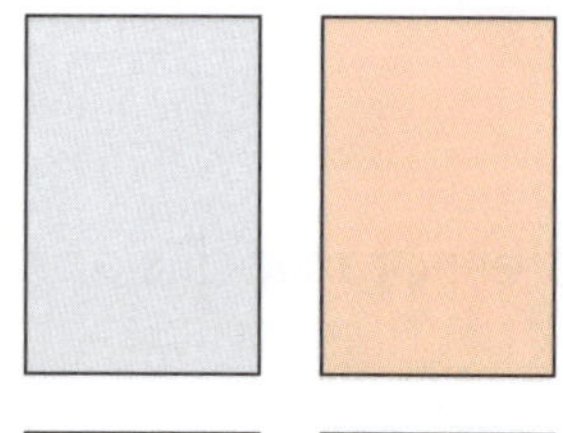

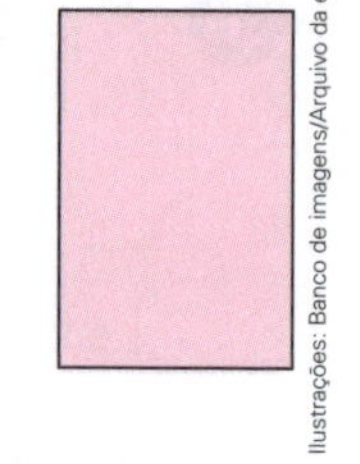

Ilustrações: Banco de imagens/Arquivo da editora

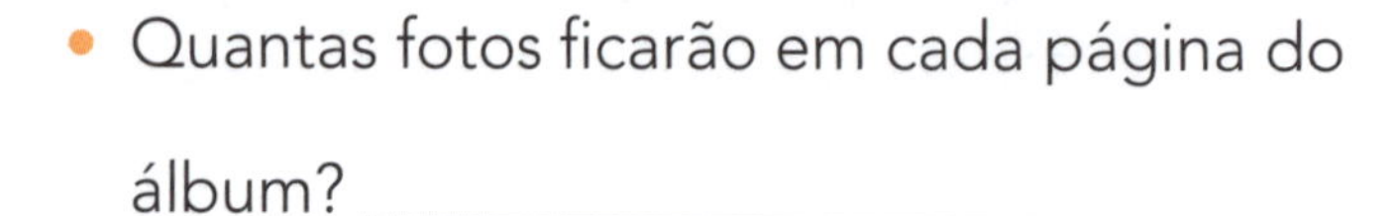

- Quantas fotos ficarão em cada página do álbum? ____________________
- Desenhe as fotos e complete a divisão.

_______ ÷ _______ = _______

b) Para uma atividade na aula de Educação Física, 18 alunos serão divididos em grupos de 3 alunos.

- Quantos grupos serão formados? ____________________
- Indique a divisão correspondente. _______ ÷ _______ = _______

c) Daniela tinha R$ 21,00 e repartiu essa quantia igualmente entre os 3 sobrinhos.

Ilustra Cartoon/Arquivo da editora

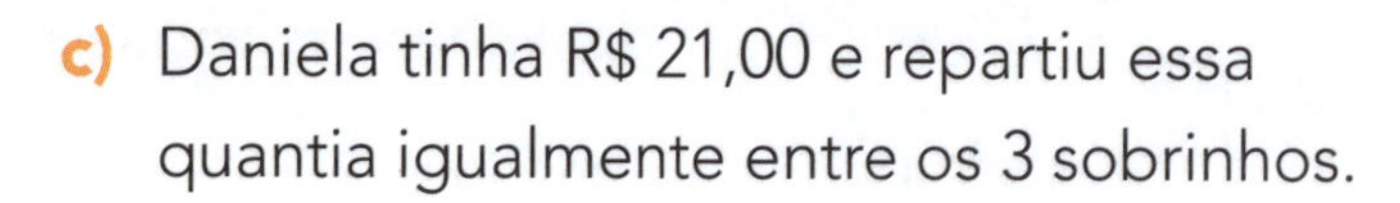

- Quanto cada sobrinho recebeu?

____

- Indique a divisão correspondente. ____________________

As imagens não estão representadas em proporção.

d) Paulo tem estas notas.

Reprodução/Casa da Moeda do Brasil/Ministério da Fazenda

akiyoko/Shutterstock

Caixa de giz de cera.

- Quantas caixas de giz de cera ele pode comprar?

____

- Escreva a divisão correspondente. ____________________

5 DIVISÃO NA RETA NUMERADA

12 ÷ 3 Para efetuar essa divisão, basta verificar na reta numerada quantas vezes o 3 "cabe" no 12.

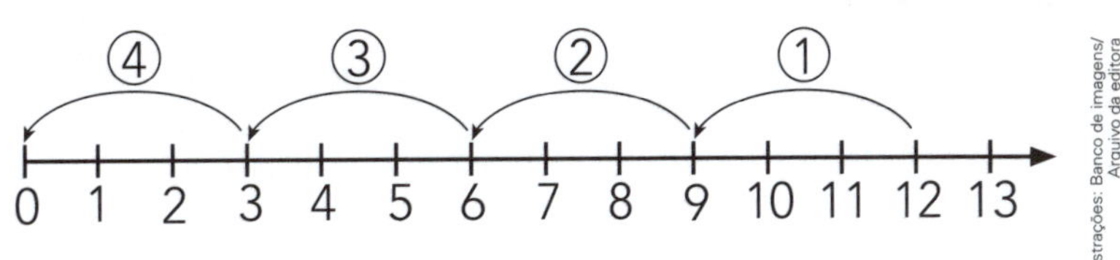

Ilustrações: Banco de imagens/Arquivo da editora

O 3 "cabe" 4 vezes no 12. Logo, 12 ÷ 3 = 4.

Efetue mais estas divisões usando a reta numerada.

a) 6 ÷ 2 = ________

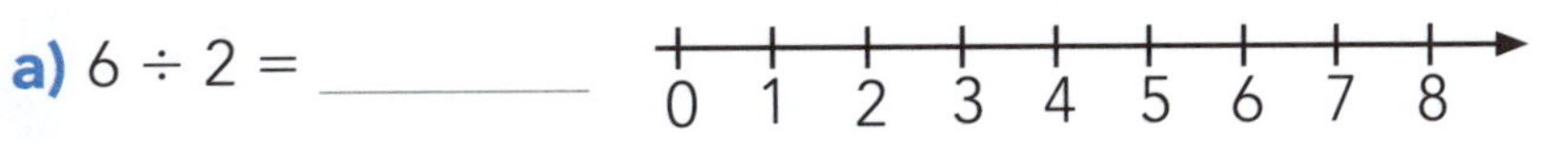

b) 14 ÷ 7 = ________

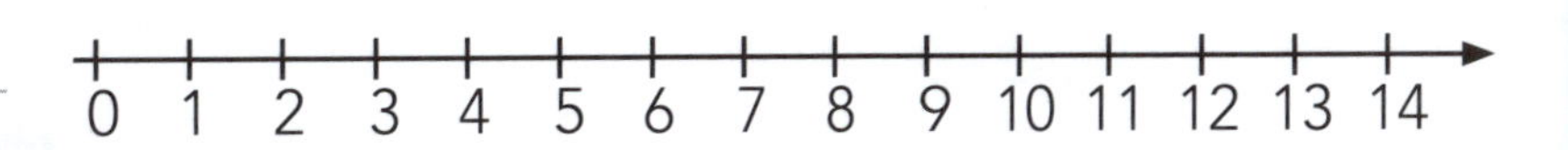

6 DIVISÃO USANDO A MULTIPLICAÇÃO

Nas divisões que Regina efetuou com desenhos ou com a reta numerada, ela verificou um fato interessante. Veja os exemplos.

12 ÷ 4 = 3 < 3 × 4 = 12 ; 4 × 3 = 12

15 ÷ 3 = 5 < 5 × 3 = 15 ; 3 × 5 = 15

a) Verifique se acontece o mesmo em mais estas divisões já efetuadas.

10 ÷ 5 = 2 < ________ ; ________

6 ÷ 2 = 3 < ________ ; ________

b) Podemos, então, efetuar uma divisão usando uma multiplicação. Veja os exemplos e efetue as demais divisões.

14 ÷ 7 = 2, pois 2 × 7 = 14.

30 ÷ 5 = 6, pois 5 × 6 = 30.

9 ÷ 3 = ________, pois ________.

18 ÷ 9 = ________, pois ________.

28 ÷ 4 = ________, pois ________.

7 PROBLEMAS

As imagens não estão representadas em proporção.

Nas divisões, você escolhe o processo.

Reprodução/Casa da Moeda do Brasil/Ministério da Fazenda

a) A quantia total ao lado pode ser trocada por quantas notas de R$ 5,00?

____

b) Em um período de 35 dias, há quantas semanas completas?

____

c) Se 16 flores forem distribuídas igualmente em 4 vasos, então quantas flores irão em cada vaso?

____

Quang Ho/Shutterstock

Flores.

d) Inês comprou 3 quilogramas de feijão e pagou R$ 24,00.

Coprid/Shutterstock

Pacotes de feijão.

Quanto uma pessoa vai gastar na compra de 2 quilogramas de feijão?

____

8 Pinte, de modos diferentes, a terça parte de cada figura abaixo.

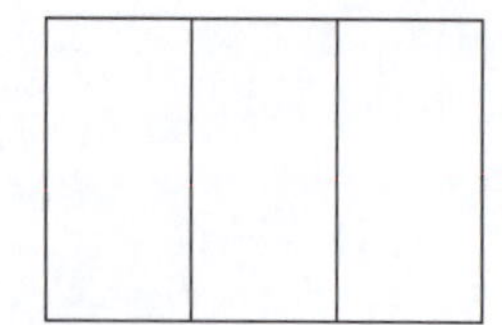
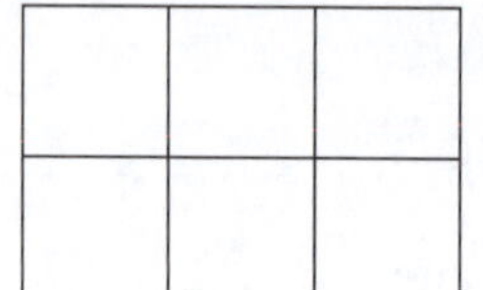
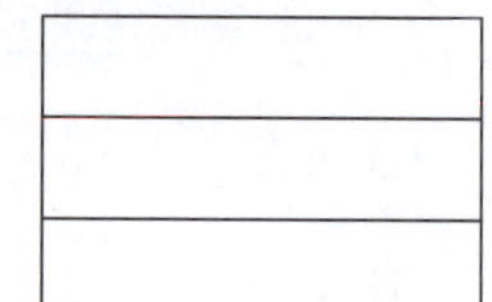

9 Vamos recordar o significado de dobro, triplo e metade.

Complete as operações e as frases.

a) Para descobrir o dobro de 6, podemos fazer:

_____ + _____ = _____ ou _____ × _____ = _____.

Logo, o dobro de 6 é igual a _____.

b) Para descobrir o triplo de 5, podemos fazer:

_____ + _____ + _____ = _____ ou _____ × _____ = _____.

Logo, o triplo de 5 é igual a _____.

c) Para descobrir a metade de 8, podemos fazer:

_____ ÷ _____ = _____. Logo, a metade de 8 é igual a _____.

d) Para descobrir a terça parte de 12, podemos fazer:

_____ ÷ _____ = _____. Logo, a terça parte de 12 é igual a _____.

10 Complete mais estas frases e indique a operação efetuada.

a) A metade de 10 é igual a _____. ____________________

b) O dobro de 10 é igual a _____. ____________________

c) O triplo de 6 é igual a _____. ____________________

d) A terça parte de 21 é igual a _____. ____________________

11 Pinte metade das figuras de cada grupo a seguir.

Ilustrações: Banco de imagens/Arquivo da editora

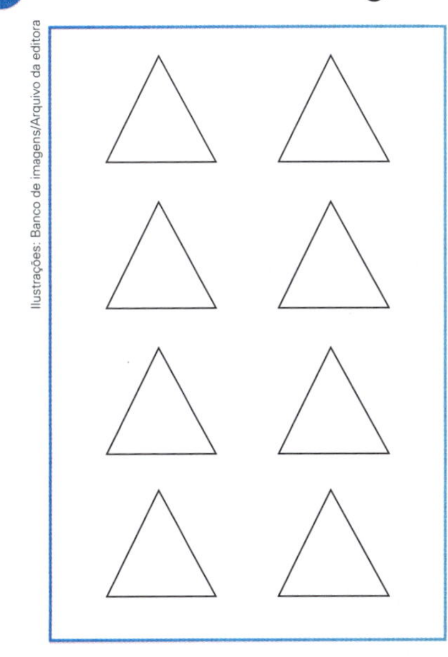

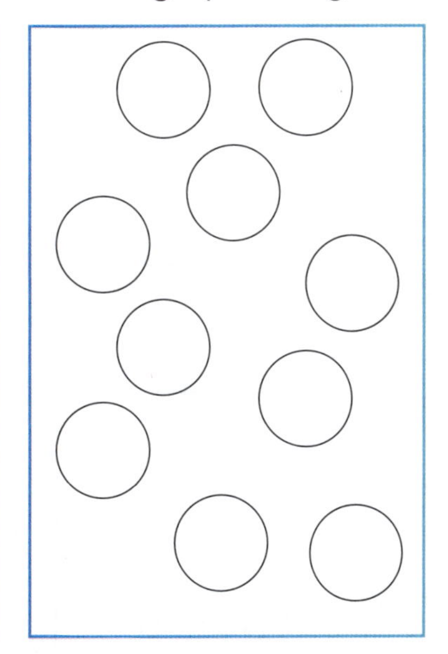

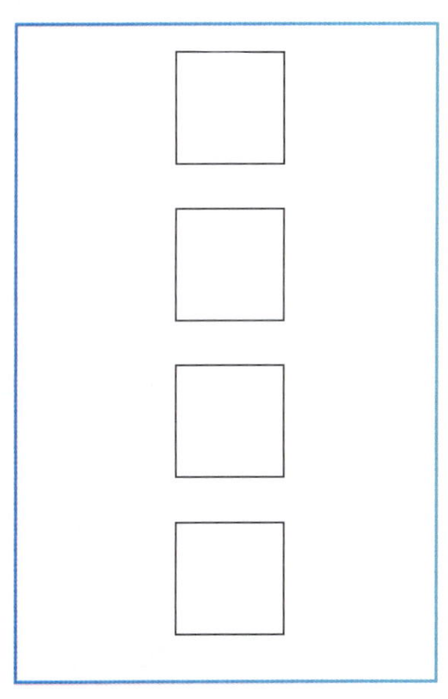

12 NOMES DOS RESULTADOS DAS OPERAÇÕES

Vamos recordar?

a) Efetue as operações pelo processo que quiser.

6 + 4 = ☐

35 − 2 = ☐

5 × 8 = ☐

15 ÷ 3 = ☐

b) Agora, use os números acima conservando a cor dos quadrinhos e complete.

- A diferença entre ☐ e ☐ é igual a ☐.
- O produto de ☐ e ☐ é igual a ☐.
- A soma de ☐ e ☐ é igual a ☐.
- O quociente de ☐ por ☐ é igual a ☐.

c) Calcule mais estes resultados.

- O produto de 5 por 7 é igual a ☐.
- A soma de 25 e 19 é igual a ☐.
- A diferença entre 45 e 12 é igual a ☐.
- O quociente de 30 por 5 é igual a ☐.

13 Observe os preços das miniaturas.

As imagens não estão representadas em proporção.

Luciano comprou 4 bolas, 2 carrinhos e 3 patinhos e gastou R$ 40,00 no total.

Calcule e registre o preço de cada patinho.

Bola. Patinho. Carrinho.

14 **DESAFIO**

Escreva os números que faltam.

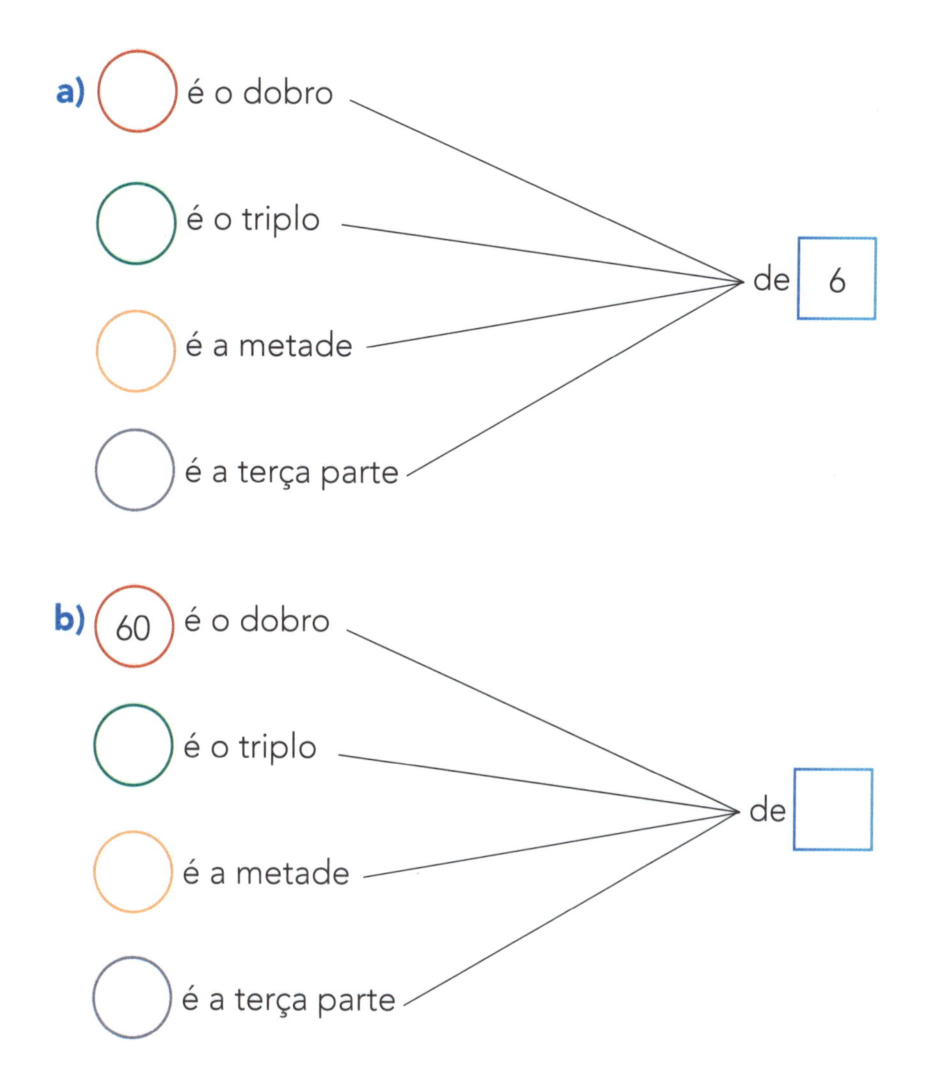

Grandezas e medidas

As imagens não estão representadas em proporção.

1 **ATIVIDADE ORAL EM GRUPO** Converse com os colegas sobre as questões referentes às cenas abaixo.

Elas envolvem vários tipos de grandeza e as medidas delas.

Ilustrações: Jótah Ilustrações/Arquivo da editora

a) Qual horário o relógio ao lado está marcando?

____

b) O balde estava vazio. Quantos litros de água encheram esse balde?

____

Claudemir:

<Deslocar a medição pa bem na lateral da mesa medindo o lado dela.>

c) O que o homem ao lado está fazendo?

____

____

d) As 3 latas ao lado têm "pesos" iguais. Quanto cada lata pesa?

____

2 Escreva o nome da grandeza envolvida em cada item da atividade anterior.

a) ____________________ **c)** ____________________

b) ____________________ **d)** ____________________

3 Observe os horários indicados, de um mesmo dia.

As imagens não estão representadas em proporção.

- 7 horas da manhã.

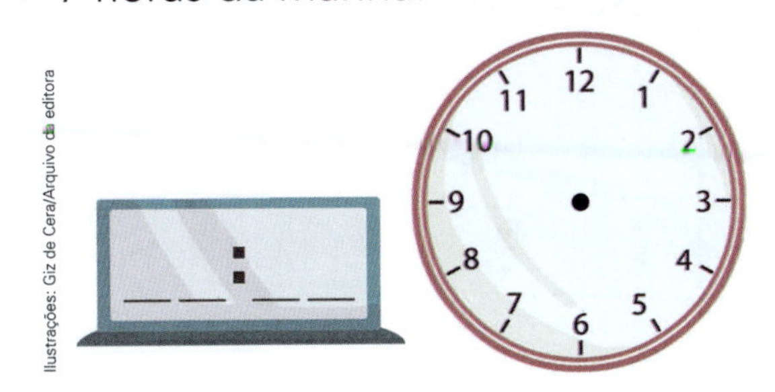

- 3 horas da tarde.

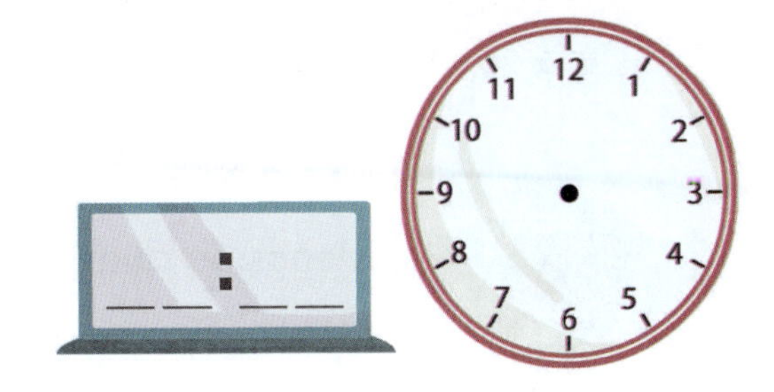

Ilustrações: Giz de Cera/Arquivo da editora

a) Desenhe os ponteiros e registre no relógio digital cada um dos horários.

b) Quantas horas se passaram entre o primeiro e o segundo horário desse dia? ____________________

4 DIA, SEMANA, MÊS E ANO

ATIVIDADE EM DUPLA Completem as afirmações envolvendo essas unidades de medida de intervalo de tempo.

a) Se o dia 8 de um mês cair em um domingo, então o próximo domingo cairá no dia _____ desse mesmo mês.

b) Se o dia 29 de janeiro cair em uma segunda-feira, então o dia 3 de fevereiro do mesmo ano será _____ dias depois e cairá em um _______.

c) O mês de junho tem _____ semanas completas e mais _____ dias.

d) 18/10/20 indica o dia _____ de ________________ de _________.

e) O dia 25 de maio de 2020 é indicado assim: _____/_____/_____.

5 DESAFIO

Roberto foi se deitar às 22 horas do dia 31/12/2019, que era uma terça-feira, e dormiu durante 10 horas.

Ilustra Cartoon/Arquivo da editora

Então, ele acordou às _____ horas do dia _____/_____/_____, que era uma ______________.

6 Meça estes comprimentos e assinale a alternativa correta.

a) Comprimento de um dos lados da capa do livro de Matemática.

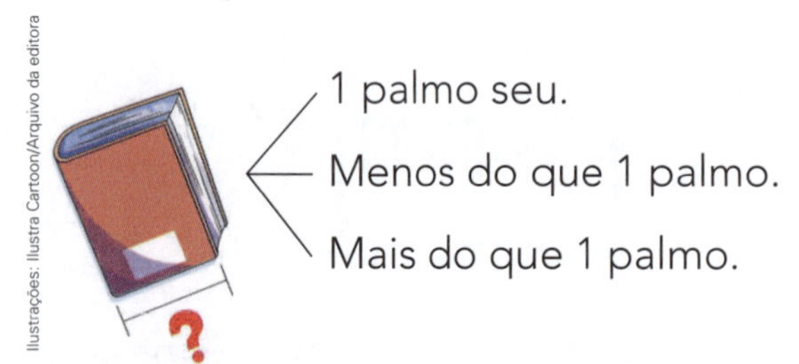

- 1 palmo seu.
- Menos do que 1 palmo.
- Mais do que 1 palmo.

Ilustrações: Ilustra Cartoon/Arquivo da editora

b) Comprimento da sua altura.

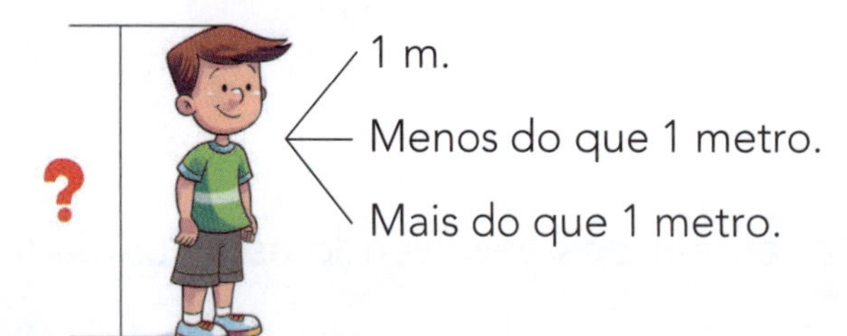

- 1 m.
- Menos do que 1 metro.
- Mais do que 1 metro.

c) Comprimento de uma caneta.

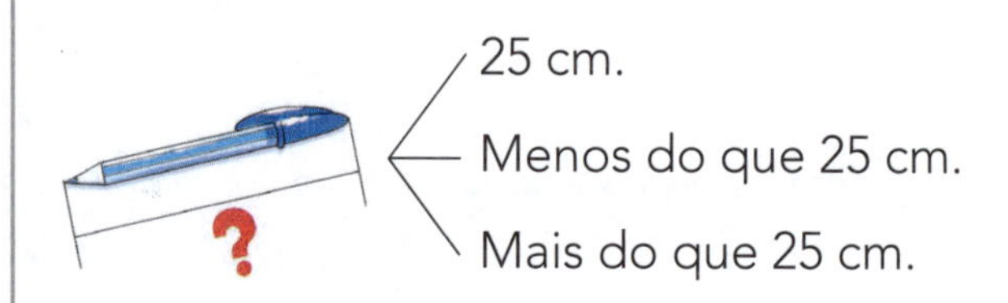

- 25 cm.
- Menos do que 25 cm.
- Mais do que 25 cm.

d) Comprimento da largura da unha de seu dedo polegar.

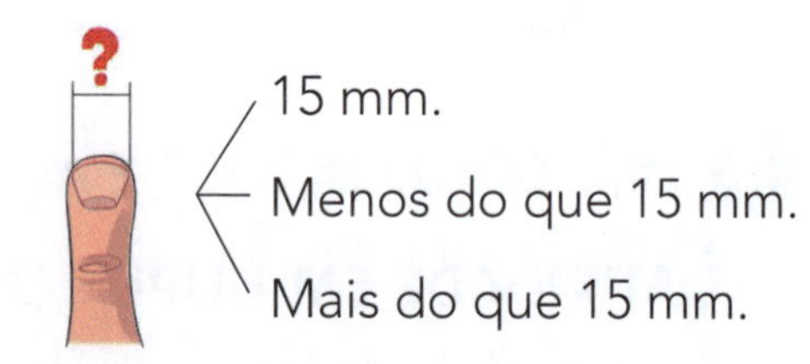

- 15 mm.
- Menos do que 15 mm.
- Mais do que 15 mm.

7 Meça o comprimento das linhas já traçadas (roxa, verde e vermelha) e registre as medidas na tabela, nas unidades de medida indicadas. Depois, trace uma linha marrom com a medida de comprimento dada.

Linhas coloridas

Cor da linha	Medida de comprimento
Roxa	_______ cm
Verde	_______ mm
Vermelha	_______ cm e _______ mm
Marrom	6 cm

Tabela elaborada para fins didáticos.

8 Desenhe um triângulo com todos os lados com medida de comprimento de 3 cm.

Depois, indique a medida de comprimento, em centímetros, do contorno desse triângulo.

Medida de comprimento do contorno:

____

9 Marcos cercou 2 canteiros da chácara usando tijolos. Veja o desenho da vista de cima desses canteiros.

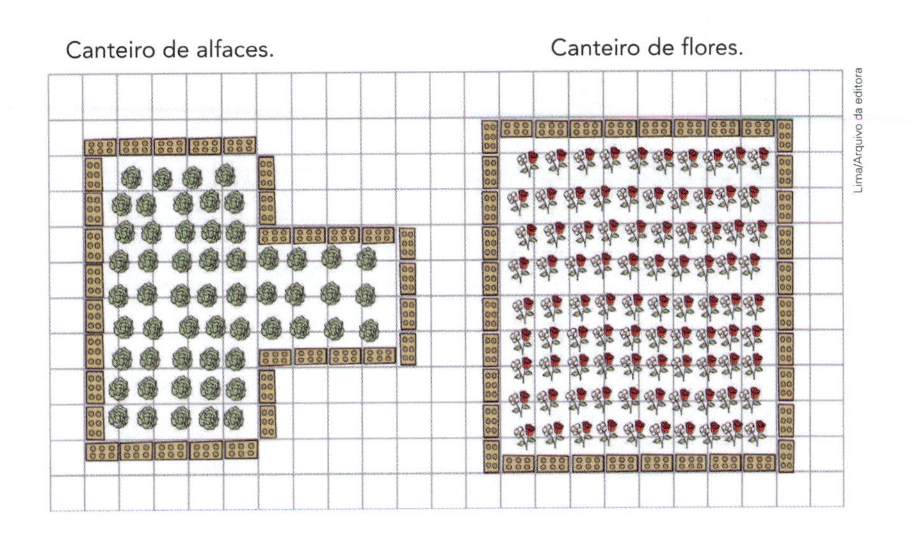

a) Quantos tijolos Marcos usou ao todo para cercar esses 2 canteiros?

____

b) Em qual desses canteiros ele usou mais tijolos?

____

c) Quantos tijolos a mais?

____

d) Agora um desafio: Desenhe um canteiro que não seja retangular e que possa ser cercado com exatamente 18 tijolos.

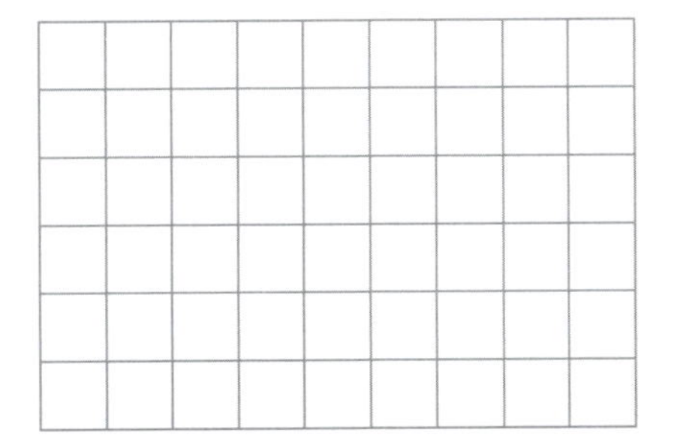

10 MEDIDA DE CAPACIDADE

a) Considere os recipientes citados em cada quadro e contorne o que tem maior medida de capacidade, isto é, aquele no qual cabe mais líquido.

Colher de sobremesa	Colher de sopa	Concha	Panela
Xícara de chá	Xícara de café	Caixa-d'água das casas	Piscina
Pia	Banheira	Balde	Copo comum

b) Considere todos os recipientes citados acima.

- Indique o recipiente de maior medida de capacidade. ______________
- Indique o recipiente de menor medida de capacidade. ______________

11 Usando um copo, Letícia colocou água em 4 recipientes iguais.
Observe o recipiente da esquerda e indique a quantidade de copos de água nos demais.

As imagens não estão representadas em proporção.

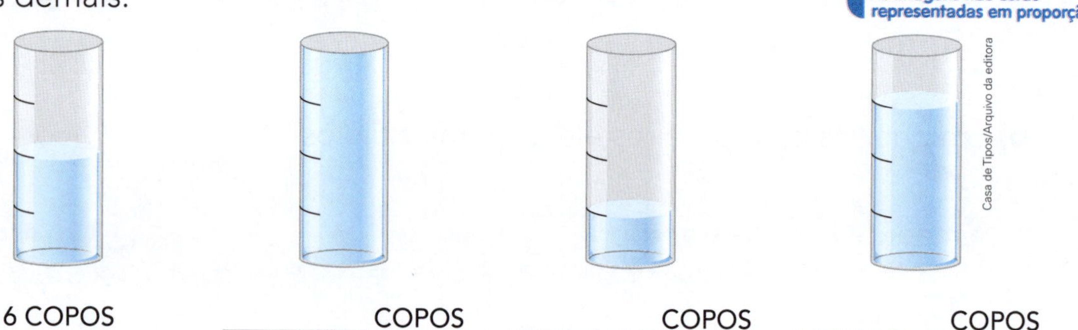

6 COPOS ________ COPOS ________ COPOS ________ COPOS

12 ATIVIDADE ORAL EM DUPLA

Ema quer encher de água a vasilha **C** usando as vasilhas **A** e **B**.

Observe as medidas de capacidade das vasilhas. Depois, converse com um colega sobre as maneiras que seriam possíveis.

13 Responda às questões que envolvem medidas de diferentes grandezas.

a) A família de Sílvia fez uma viagem que começou às 11 horas da manhã e terminou às 2 horas da tarde de um mesmo dia. Quantas horas a viagem durou? ____________________

Início.

Fim.

Fotos: ThavornC/Shutterstock

b) Qual é a cor do trajeto que leva o cachorro à casinha e tem, no total, medida de comprimento de 15 cm? ________________________

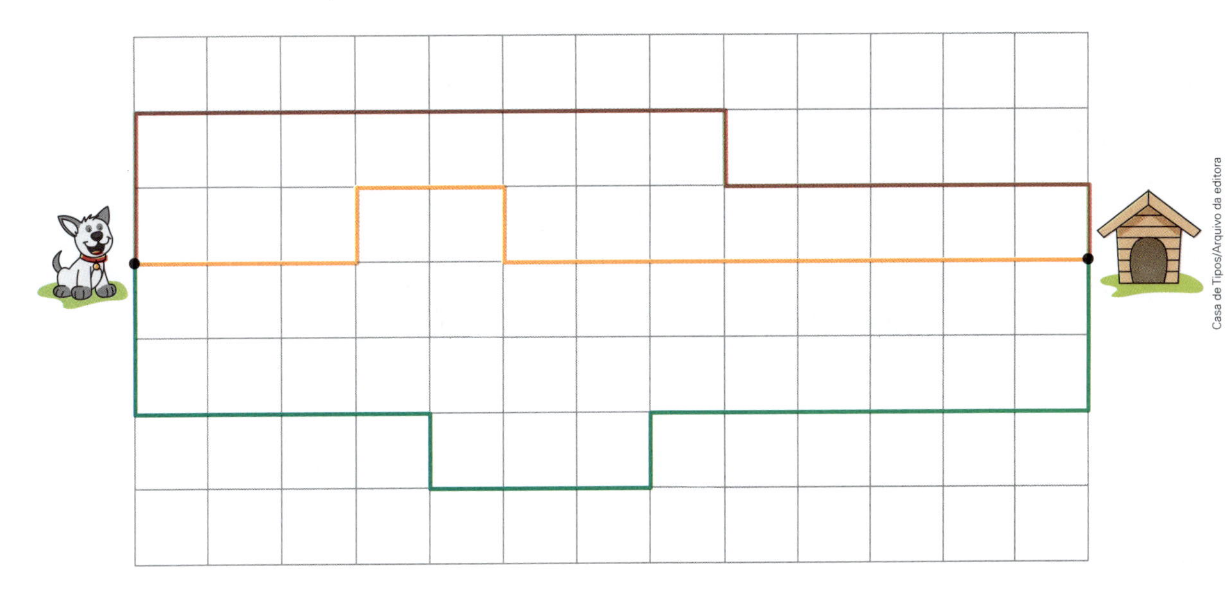

Casa de Tipos/Arquivo da editora

c) A mãe de Lucas comprou 8 mangas, gastou R$ 10,00 e fez 8 copos de suco.

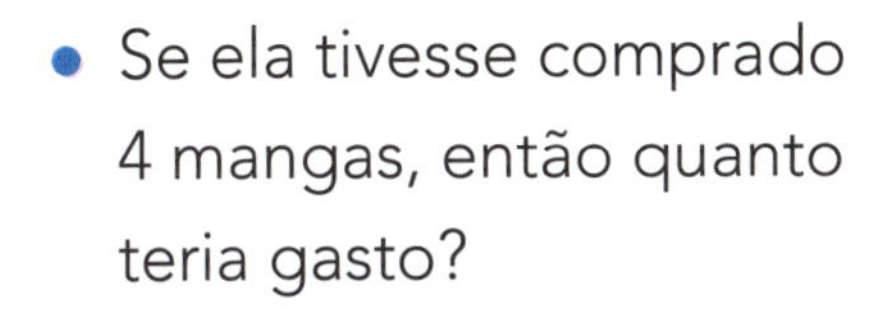

- Se ela tivesse comprado 4 mangas, então quanto teria gasto?

  ____

- E quantos copos de suco ela teria feito?

  ____

Mangas.

Shama Ketkar/Dinodia Photo/AgbPhoto Library

Reprodução/Casa da Moeda do Brasil/Ministério da Fazenda

As imagens não estão representadas em proporção.

Suco de manga.

Antonio V. Oquias/Shutterstock

Unidade 9

Caderno de atividades

14 MEDIDA DE MASSA

Em cada item, marque um X no objeto mais pesado e marque uma • no objeto mais leve.

a) ☐ Abacaxi
☐ Banana
☐ Melancia

b) ☐ Cavalo
☐ Gato
☐ Sapo

c) ☐ Carro
☐ Ônibus
☐ Bicicleta

15 Todos os pacotes de feijão têm "pesos" iguais.

As imagens não estão representadas em proporção.

Observe o que mostra a balança da esquerda.

Em seguida, calcule e registre o que deve marcar a balança da direita.

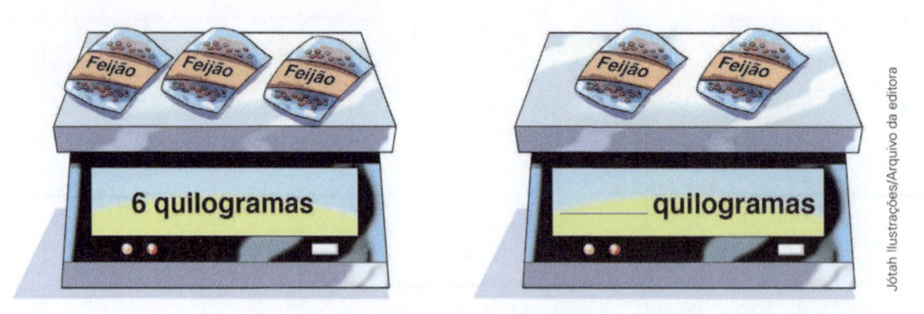

Jótah Ilustrações/Arquivo da editora

16 Todas as esferas têm o mesmo "peso". Observe que a balança está equilibrada.

Jótah Ilustrações/Arquivo da editora

O "peso" do cubo equivale ao "peso" de quantas esferas? ____________

17 PESQUISE

a) A medida de capacidade de uma xícara de chá é de aproximadamente _________ mL.

b) A medida de massa de uma moeda de 1 real é de aproximadamente _________ gramas.

Números maiores do que 100

1 UNIDADE, DEZENA E CENTENA

Observe estas 3 peças do material dourado e complete.

Ilustrações: Banco de imagens/Arquivo da editora

_______ unidade.

_______ dezena
ou
_______ unidades.

_______ centena
ou
_______ dezenas
ou
_______ unidades.

2 Complete para que o resultado de cada operação seja sempre 100.

a) 90 + _______ = 100

b) 99 + _______ = 100

c) 2 × _______ = 100

d) 95 + _______ = 100

e) 70 + _______ = 100

f) 10 × _______ = 100

g) 4 + _______ = 100

h) 88 + _______ = 100

i) 5 × _______ = 100

3 Escreva o número representado pelo material dourado em cada item.

a) 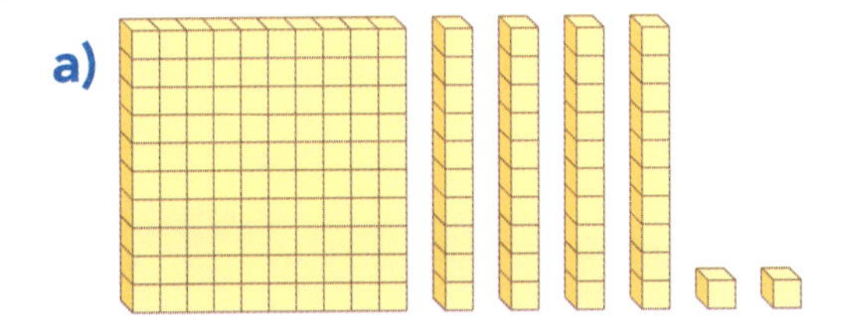

____

b) 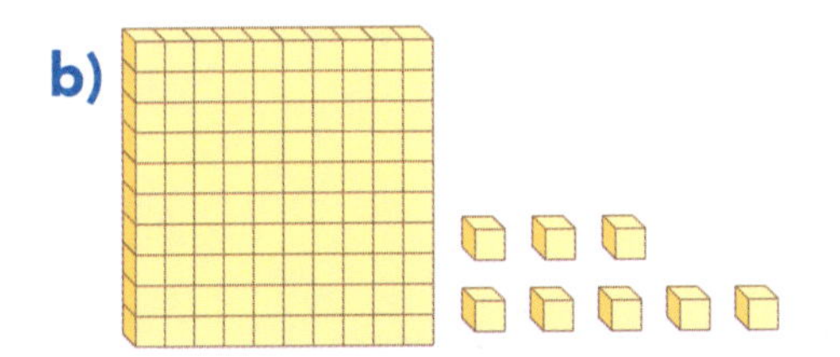

____

c) 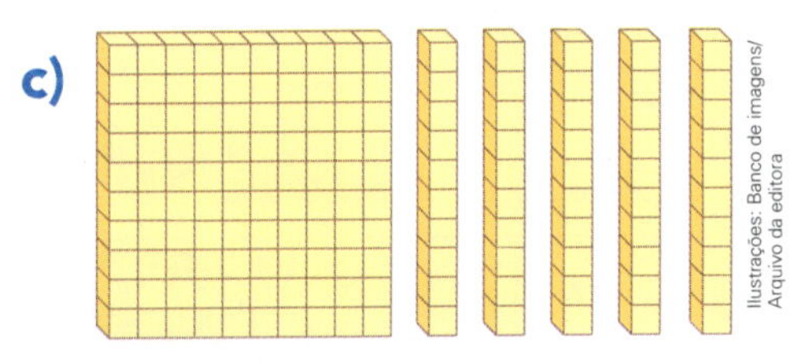

____

Ilustrações: Banco de imagens/Arquivo da editora

d) 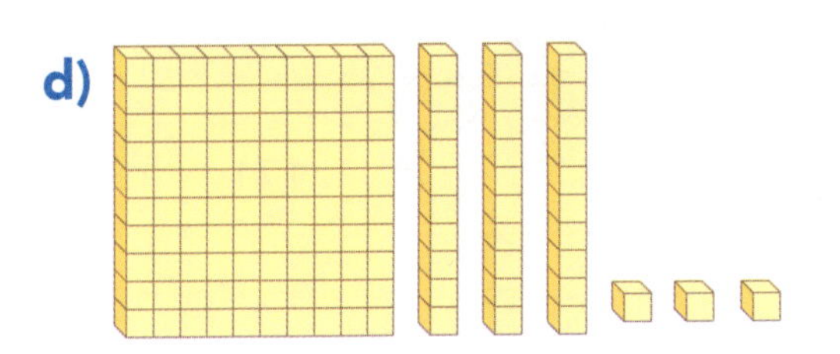

____

4 Use os desenhos das fichas ao lado para representar os números dados nos itens.

1 10 100

Banco de imagens/Arquivo da editora

a) 142

b) 106

c) 130

d) 154

e) 118

5 Indique o valor da moeda e das notas dadas no item **a** e, depois, as quantias representadas nos demais itens.

As imagens não estão representadas em proporção.

Reprodução/Casa da Moeda do Brasil/Ministério da Fazenda

a) _______ real. _______ reais. _______ reais.

b) _______ reais (R$ _______).

c) _______ reais (_________).

d) _______ reais (_________).

6 Complete as partes da sequência numérica de 0 a 199.

a)

96	97	98		

b)

		101	102	103

c)

		108	109		

d)

145	146	147				

e)

		171	172	173		

f)

				181	182	183

7 Veja a quantia que José tem.

As imagens não estão representadas em proporção.

Reprodução/Casa da Moeda do Brasil/Ministério da Fazenda

Complete as frases.

a) José tem ______ reais.

b) Se José ganhar 3 reais, então ficará com ______ reais.

c) Se José gastar 10 reais, então ficará com ______ reais.

8 COMPOSIÇÃO, DECOMPOSIÇÃO E LEITURA DE NÚMEROS ATÉ 199

Complete.

a) 100 + 40 + 6 = ______ ⟶ Composição do número ______.

Leitura do número: ______________________________.

b) 129 = ______ + ______ + ______ ⟶ Decomposição do número ______.

Leitura do número: ______________________________.

c) Cento e trinta e oito ⟶ Leitura do número ______.

Decomposição do número: ______ = ______ + ______ + ______.

d) 100 + 7 = ______ ⟶ Composição do número ______.

Leitura do número: ______________________________.

e) 100 + 50 = ______ ⟶ Composição do número ______.

Leitura do número: ______________________________.

f) Cento e dezesseis ⟶ Leitura do número ______.

______ + ______ + ______ = ______ ⟶ Composição do número ______.

9 CENTENAS INTEIRAS OU CENTENAS EXATAS

As imagens não estão representadas em proporção.

Em cada item, escreva o número e a leitura dele. Veja o exemplo.

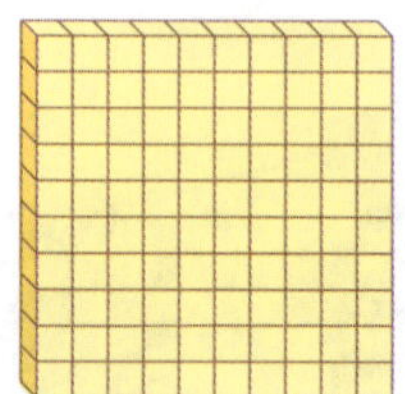

100 cubinhos.
↑
Cem.

a)

_______ reais.
↑
____

b)

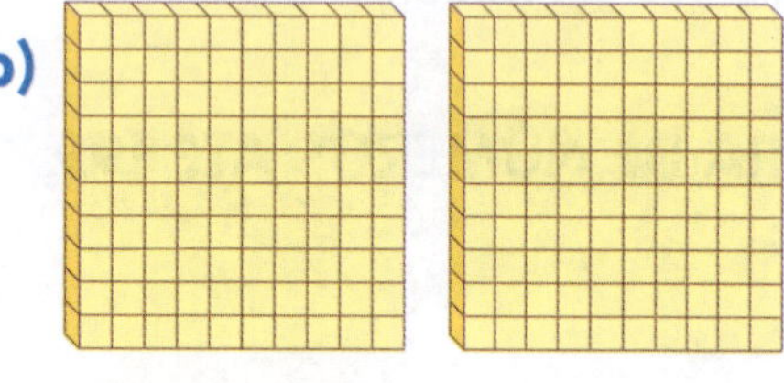
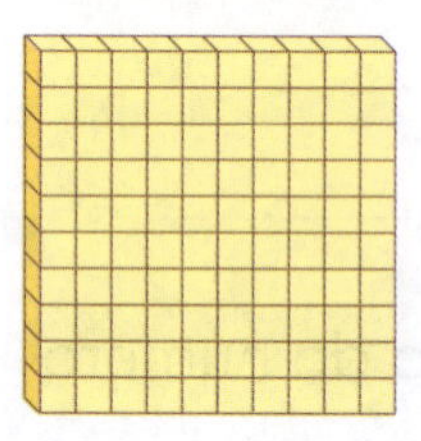

_______ cubinhos.
↑
____

c)

_______ reais.
↑
____

d)

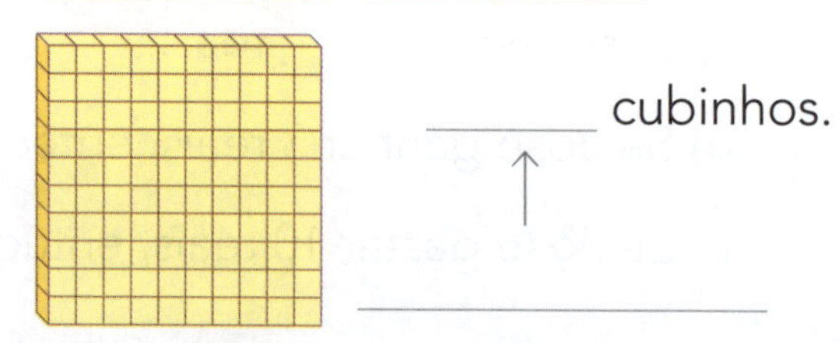

_______ cubinhos.
↑
____

Ilustrações: Banco de imagens/Arquivo da editora

e)

_______ reais.
↑
____

Reprodução/Casa da Moeda do Brasil/Ministério da Fazenda

f) $7 \times 100 \longrightarrow$ _______
↑
____

g) $8 \times 100 \longrightarrow$ _______
↑
____

h) $9 \times 100 \longrightarrow$ _______
↑
____

10 Escreva as sequências das centenas exatas de 100 a 900.

a) Em ordem crescente.

b) Em ordem decrescente.

11 OPERAÇÕES COM CENTENAS EXATAS

Efetue as operações.

a) 300 + 400 = ______

b) 900 − 100 = ______

c) 2 × 300 = ______

d) 400 ÷ 2 = ______

e) 600 − 500 = ______

f) 4 × 200 = ______

g) 300 ÷ 3 = ______

h) 100 + 200 + 300 = ______

12 CENTENAS, DEZENAS E UNIDADES

Indique o número correspondente e escreva como é a leitura dele.

a)

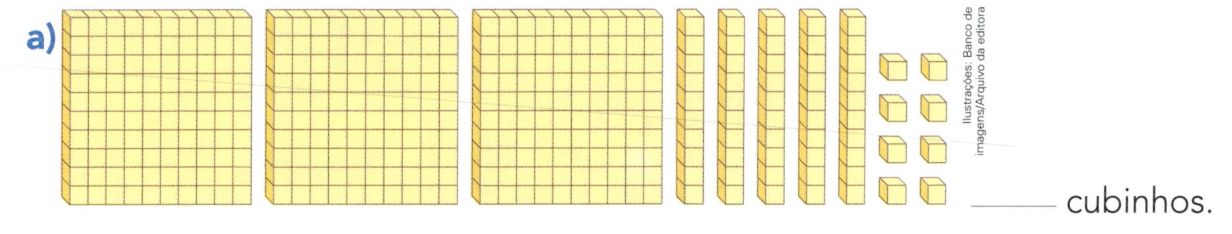

Ilustrações: Banco de imagens/Arquivo da editora

______ cubinhos.

______ ______________________________

b)

Reprodução/Casa da Moeda do Brasil/ Ministério da Fazenda

As imagens não estão representadas em proporção.

______ reais.

______ ______________________________

c) 700 + 80 + 9 ⟶ ______ ______________________________

d) 800 + 50 ⟶ ______ ______________________________

e) 500 + 3 ⟶ ______ ______________________________

13 Decomponha os números em centenas exatas, dezenas exatas e unidades.

a) 427 = _____ + _____ + _____

b) 512 = _____ + _____ + _____

c) 809 = _____ + _____ + _____

d) 999 = _____ + _____ + _____

14 Escreva o número correspondente.

a) Oitocentos e quarenta e sete. _____

b) 500 + 10 + 8 _____

c) 6 centenas, 9 dezenas e 3 unidades. _____

d) Cento e oito. _____

e) 400 + 20 _____

15 Considere a sequência dos números de 1 em 1 e complete estas partes.

a)

96	97	98			

b)

		298	299		

c)

375	376	377			

d)

			502	503	504

e)

			611	612	613

f)

		920	921	922		

16 Pense na reta numerada, "ande" para a frente ou para trás e efetue.

a) 597 + 4 = _____

b) 597 − 4 = _____

c) 205 + 3 = _____

d) 740 − 2 = _____

e) 888 − 6 = _____

f) 505 + 5 = _____

g) 200 − 1 = _____

h) 709 + 2 = _____

i) 357 + 3 = _____

17 Forme uma sequência com 6 números, sendo 300 o 1º número dessa sequência e, a partir do 2º, cada número é 70 a mais do que o anterior.

_____, _____, _____, _____, _____, _____.

18 CÁLCULO MENTAL

ATIVIDADE EM GRUPO Veja os exemplos.

Lima/ Arquivo da editora

Logo, 753 + 20 = 773.
↑
5 + 2

Logo, 485 − 300 = 185.
↑
4 − 3

Agora é a sua vez. Calcule mentalmente, registre e confira com os colegas.

a) 222 + 40 = ________

b) 222 + 400 = ________

c) 821 − 100 = ________

d) 949 − 8 = ________

e) 704 + 50 = ________

f) 860 − 400 = ________

19 VAMOS USAR NÚMEROS ATÉ 999?

Complete as frases com números.

a) Com 3 notas de 100 reais, 2 notas de 50 reais e 1 nota de 2 reais, temos a quantia de ________ reais.

b) 1 dia tem ________ horas, 2 dias têm ________ horas, 3 dias têm ________ horas, 4 dias têm ________ horas e 5 dias têm ________ horas.

c) 1 metro tem ________ centímetros. 2 metros e 20 centímetros correspondem a ________ centímetros.

20 Observe os números que aparecem nos quadros e indique o que se pede.

a) O maior número. ____________

b) O menor número. ____________

c) Os números que ficam entre 600 e 800. ____________

d) O número que tem 3 algarismos, todos diferentes. ____________

e) O número que tem 3 algarismos, todos iguais. ____________

f) O número que indica um número exato de centenas. ____________

21 Ligue as operações de mesmo resultado.

88 + 12	100 + 100 + 2
400 + 400	100 − 50
100 ÷ 2	2 × 50
272 − 70	900 − 100

22 **ATIVIDADE ORAL EM DUPLA** Complete as sequências abaixo para chegar ao número 1 000 (mil). Depois, descreva para um colega o padrão (ou a regularidade) que você identificou.

a) 988, 990, 992,

b) 970, 975, 980,

c) 982, 985, 988,.

23 COMPARAÇÃO DE NÚMEROS

Em cada item, faça a mudança sugerida no número dado e registre o número obtido. Depois, compare o número inicial com o número obtido usando os sinais $>$, $<$ ou $=$.

a) Em 247, aumentar 2 dezenas.

Número obtido: ____________________

Comparação: ____________________

b) Em 587, trocar a posição dos algarismos das centenas e das unidades.

Número obtido: ____________________

Comparação: ____________________

c) Em 147, diminuir 1 centena e aumentar 3 dezenas.

Número obtido: ____________________

Comparação: ____________________

d) Em 779, trocar a posição dos algarismos das centenas e das dezenas.

Número obtido: ____________________

Comparação: ____________________

24

Carlos vai girar um clipe nestas 2 roletas e adicionar os números obtidos. Classifique cada item com uma das possibilidades dos quadros.

é certeza	é impossível	é pouco prováve	é bastante provável

a) A soma ser menor do que 350. ____________________

b) A soma ser igual a 550. ____________________

c) A soma ser menor do que 800. ____________________

d) A soma ser maior do que 400. ____________________

e) A soma ser um número par. ____________________

f) A soma ser igual a 800. ____________________

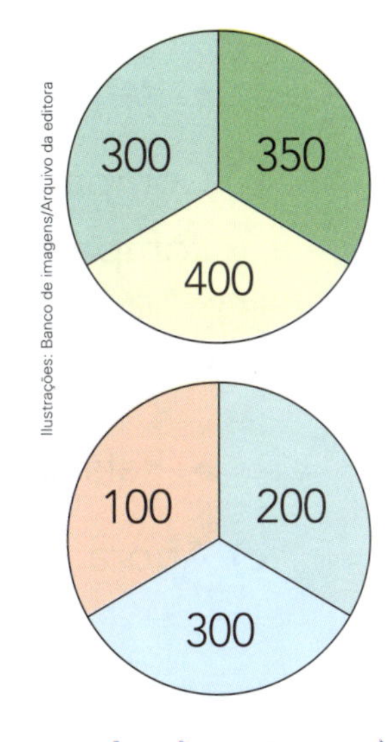

Ilustrações: Banco de imagens/Arquivo da editora

25 Veja o preço de 2 produtos em uma loja de roupas.

Bermuda.

As imagens não estão representadas em proporção.

Camiseta.

a) Escreva quanto cada pessoa gastou na compra que fez.

- Mauro comprou 2 bermudas e gastou ________________ reais.
- Lucas comprou 2 camisetas e gastou ________________ reais.
- Pedro comprou 1 bermuda e 2 camisetas e gastou ________________ reais.
- Rafaela comprou 1 bermuda e 1 camiseta e gastou ________________ reais.

b) Compare os gastos e escreva **mais** ou **menos** em cada frase. Justifique as comparações usando os sinais > ou <.

- Mauro gastou __________ do que Pedro, pois ________________ .
- Rafaela gastou __________ do que Lucas, pois ________________ .

c) Agora, escreva as 4 quantias na ordem crescente.

__________, __________, __________, __________.